슬기로운
스마트폰
생   활

• 버럭 화내지 않고 아이와 함께 만드는 •

슬기로운

스마트폰 생활

문유숙 지음

★ ★ ★ ★ ★

포노 사피엔스
자녀를 위한
디지털 양육 꿀팁

물주는아이

우리 아이 첫 스마트폰,
어떻게 시작해야 할까요?

받아들이기 힘들고 어려워도 신문명이, 신인류가 우리 삶을 뒤흔들고 있습니다.

바로 디지털 문명과 포노 사피엔스(phono sapiens, 스마트폰을 신체 일부처럼 사용하는 인류)입니다. 그리고 이 모든 격변의 중심엔 스마트폰이 있습니다.

걱정이 앞선 나머지, 부모들이 기를 쓰며 막아도 포노 사피엔스인 자녀는 이미 신세계로 이동 중입니다. 스마트폰을 통해 세상을 보고, 소비하고, 관계를 맺으면서 말이죠. 첫 스마트폰을 만나는 시기가 다를 뿐, 이제 우리 아이들이 스마트폰과 함께 성장하는 것은 피할 수 없는 시대적 흐름입니다.

"피할 수 없다면 열심히 배워서 함께 가자!"

디지털 미디어 강의 현장에 모인 부모님들께 목청 높여 외치는 제 호소입니다.

스마트폰의 순기능을 모르는 것은 아니나 부작용이 워낙 많다 보니 통제할 수밖에 없는 부모의 절박한 심정을 너무 잘 알기 때문입니다.

저는 한때 금쪽같은 아들을 스마트폰에 뺏긴 적이 있었습니다. 아들이 열 살 때 첫 스마트폰을 사주었습니다. 그런데 1년 후 아들은 인터넷과 스마트폰에 푹 빠져버렸습니다. 쉽게 말해 '중독'이었죠. 스마트폰 때문에 아들과 다투는 날이 많아졌고 기존에 활용하던 심리 치료법도 무용지물이었습니다. 고심의 나날을 보낸 끝에 내린 결정은 '요즘 시대에 맞는 슬기로운 사용법을 제대로 알고 다시 시작하자!'였습니다. 이후 심기일전해 '인터넷중독전문상담사' 자격증을 땄습니다. 그리고 아들과 새롭게 출발했죠.

다행히 아들은 좋아졌습니다. 지금은 평화롭다고 느낄 만큼 아들과 스마트폰에 관련된 갈등을 겪지 않고 있고요. 이제는 저도 부끄러운 경험담을 편하게 말할 수 있을 정도로 경력과 연륜이 쌓였습니다.

그런데 주위를 둘러보면 스마트폰 때문에 부모와 자녀가 싸우고 대립하는 가정이 많습니다. 이런 경우 부모만 홍역을 치르는 게 아니라 자녀도 힘들어합니다. 이미 혁신적인 디지털 문명을 흡수하고 즐길 태세가 된 우리 아이들을 부모가 자꾸 막아서거든요. '그 세계는 위험하다, 안전이 확인되면 가라'라는 조언과 함께요. 적절한 양육법이나 시기가 따로 있는 것이 아닙니다. 신문명을 열어가는 스마트폰의 혁신 속도가 상상할 수 없이 빠르거든요.

이 거센 변화의 물결에 휩쓸려 떠내려가지 않고 잘 살아남는 길은 '배움'입니다. 부모가 자녀보다 먼저 디지털 생태계를 접하고 슬기롭게 스마트폰 사용하는 법을 배워 자녀를 지도해야 합니다. 그래야 자녀도 스마트폰을 지혜롭게, 부작용 없이 쓸 수 있습니다.

태생 자체가 '디지털 이주민'[01] 세대라서 '디지털 원주민'[02] 세대 자녀보다 디지털 기기 활용 능력과 감이 떨어진다는 한계가 있지만, 괜찮습니다. 용기를 내세요. 디지털 양육과 지도는 다른 영역입니다. 부모보다 스마트폰 기능을 다루는 능력이 뛰어난 자녀에게 배우세요. 자녀의 도움을 받았을 땐 '잘했다', '고맙다'라는 칭찬도 듬뿍 해주시고요. 부모는 부모만 할 수 있고 잘해내야만 하는 부모 역할에 집중하면 됩니다.

쉽진 않지만 어렵지도 않습니다. 제가 그랬듯, 스마트폰 부작용에 대한 걱정과 두려움을 버리고 슬기로운 사용법을 배우고 익혀서 활용하면 됩니다. 그 실제적 방법과 현장 경험을 부모님들과 공유하고 싶어 이 책을 썼습니다. 그 과정에서 스마트폰의 순기능과 역기능에 대한 설명을 담아야 했지만 제일 중요하게 다루고 싶었던 내용은 바로 이것입니다.

'스마트폰 때문에 부모랑 자녀가 더 이상 싸우지도, 갈등하지도 않게 돕자!'

　제가 초보 강사 시절에 경험한 일입니다. 해박한 척 무게를 잡고 싶어 학문적 이론 중심으로 열강 아닌 열강을 한 적이 있었습니다. 그랬더니 정확히 10분 후, 청중의 영혼이 하나둘 강의장 밖으로 빠져나가더라고요. 나중엔 조는 분도 계셨고요. 그날 강의는 한마디로 '폭망'이었습니다. 다시는 뼈아픈 실수를 하고 싶지 않아서, 이후엔 '학부모님의 마음부터 경청하고 세심히 헤아리자'라는 마음으로 강단에 섰습니다. 경청은 마법입니다. 거짓말처럼 강의가 술술 풀렸거든요. 자랑 같지만 지금도 제 강의 현장은 궁금증과 웃음, 질문의 열기로 후끈거릴 때가 많습니다.

　이 책도 그렇게 풀고 싶었습니다. 디지털 양육을 잘하고 싶은, 자녀의 스마트폰 사용에 대한 고민과 궁금증이 많은 부모님들이 앞에 계신다고 생각하면서 썼습니다. 그러다 보니 생생한 현장 사례를 다수 활용했습니다. 요즘 아이들이 주로 쓰는 신조어, 은어 등과 같은 현장 용어도 허용 가능한 수준에서 썼고요. 아이들의 실상을 알아야 제대로 지도할 수 있거든요. 제가 학생을 대상으로 강의할 때 아이들이 좋아하는 콘텐츠나 관련 용어를 알아야 리드할 수 있는 것과 비슷합니다. 가끔은 부모가 전문가 같은 포스를 풍겨야 자녀가 조언에 따를 때도 있고요. 바로 이 책이 여러분께 필요한 순간입니다.

독일의 위대한 작가이자 철학자 괴테(Johann Wolfgang von Goethe)가 이런 말을 남겼습니다.

"꿈을 품고 무언가 할 수 있다면 그것을 시작하라. 새로운 일을 시작하는 용기에 당신의 천재성과 능력과 기적이 모두 숨어 있다."

자녀와 같은 곳을 바라보면서 새로운 디지털 문명을 받아들이고, 스마트폰이 우리 가족에게 '지혜의 폰'이 되게 만드는 방법을 알고 싶다는 마음이 들었다면, 지금 바로 시작하세요. 이왕이면 자녀가 첫 스마트폰을 쓰기 전에, 혹은 이제 막 쓰려고 하는 시기부터 시작하면 더욱 좋습니다. 그 노력과 도전이 결실을 맺는 기적 같은 과정을 체험하면 스마트폰의 부작용이 더 이상 두렵지 않습니다. 더 나아가서는 자녀가 스마트폰을 슬기롭게 사용해 원하는 꿈을 이루고 미래 문명을 주도해나가는 활약상도 기대할 수 있습니다.

이 책이 저와 같은 소망을 지닌 많은 부모님들께 조금이라도 도움을 주고, 힘찬 응원이 되기를 기원합니다.

문유숙 드림

CONTENTS

슬기로운 스마트폰 사용법, 하나

디지털 네이티브 자녀, 갈등과 다툼은 줄이고 '제대로' 키우려면

슬기로운 스마트폰 사용법, 둘

위기의 '유저'에서
기회의 '위너'로

슬기로운 스마트폰 사용법, 넷

이거였구나! 시작부터 끝까지
잘 쓰는 성공 노하우

슬기로운
스마트폰
사 용 법

하나

디지털 네이티브 자녀, 갈등과 다툼은 줄이고 '제대로' 키우려면

강의나 상담 도중 갑자기 부모님들의 눈이 반짝반짝 빛날 때가 있습니다. 가장 알고 싶고 궁금해하던 정보를 만났다는 신호입니다. 바로 자녀 양육에 요긴한 실전 기술을 알려줄 때 볼 수 있는 광경입니다. 부모와 자녀 모두 '포노 사피엔스'지만 수준이 달라 자녀에게 한 수 밀릴 때, 고수가 되는 비결을 소개합니다.

스마트폰 '밀당'에서 주도권을 잡아라

주도권을 잡는 부모의
남다른 클래스

"요즘 누가 텔레비전을 봐?"

텔레비전 채널을 이리저리 돌리고 있는 저한테 아들이 던진 말입니다. 텔레비전 시청자가 없다는 뜻이 아니라 '나랑 엄마는 노는 물이 다르다'라는 의미였어요. 디지털 원주민 자녀와 디지털 이주민 부모의 생활 방식이 달라서 사사건건 부딪칠 때가 많은데, 주로 부모가 불리합니다. 자녀보다 가족 서열은 높지만 디지털 문명 적응력은 떨어지거든요. 태생의 한계를 뛰어넘고 '밀당'의 주도권을 잡으려면 디지털 원주민의 특성을 제대로 알아야 합니다. 자녀가 처음 스마트폰을 쓰기 전에요.

"알면 보이고 보이면 사랑하게 된다."

《나의 문화유산답사기》를 쓴 유홍준 교수가 한 말입니다. 이 말처럼 디지털 원주민 자녀의 특성을 알고 이해의 눈으로 보면, 애정 가득한 태도로 자녀를 대할 수 있습니다.

10대 자녀의 세계를 이해하고 싶었던 어느 양육자는 우연히 딸의 카톡 채팅방 대화를 보고 당황했답니다. 외계어 같은 문자가 넘쳐났기 때문이죠. 궁여지책으로 말뜻을 하나하나 찾아본 끝에 의미를 알긴 했는데, 세대 차이를 실감했다고 합니다.

이와 비슷한 일을 겪은 어떤 엄마는 미숙한 대처로 13세 아들과 사이가 나빠졌습니다. 언어 파괴 수준의 채팅방 대화 내용을 보고 놀란 나머지 아들에게 "바른말을 써야지!"라고 나무랐거든요. 어이없고 기분 나빴던 아들은 그날 이후 엄마에 대한 경계심을 강화했습니다. 방문을 걸어 잠그고, 수시로 스마트폰 잠금 해제 암호와 SNS(Social Network Service) 비밀번호를 바꾸는 식으로요.

'스마트한 부모'가 되는 방법이 쉽지 않죠? 흔하게 쓰는 'ㅇㅋ(오케이)' 같은 표현은 그렇다 쳐도 '안물안궁', '스껌', '눈팅', '득템', '출첵', '노잼', '갑분싸'[03] 같은 합성어, 신조어, 줄임말이 수도 없이 많습니다. 책에 예시로 들기조차 민망한 은어와 비속어도 널리고 널렸습니다.

'이런 용어 사용에 대해서 어떻게 지도하면 좋을까?'라는 고민에 대한 제 답은 이렇습니다.

"자녀 세대의 용어를 알고 이해하려는 노력은 하되 따라서 쓰지는 마세요!"

자녀들이 싫어하기 때문입니다. 어설프게 알은척한다고 우습게 여기기도 하고요. 못 알아들어도 은근히 무시합니다. 디지털 활용 능력과 아무 상관이 없는데도 말이죠.

자녀의 페이스에 말려드는 순간, 부모의 권위가 흔들립니다. 부모가 권위를 잃으면 자녀와의 '스마트폰 밀당전(戰)'에서 백전백패(百戰百敗)하죠.

이럴 때 좋은 전략은 전문 지식으로 권위를 지키고 부모와 자녀가 서로가 다르다는 사실을 쿨하게 수용하는 것입니다. 그 요령, 지금부터 배워볼까요?

권위적인 부모와 권위 있는 부모 중
'밀당'의 승자는 누구?

디지털 원주민, 포노 사피엔스, Z세대[04], 모모 세대[05], 알파 세대[06]

위의 5개 용어 모두 디지털 세대 자녀를 지칭하는 또 다른 이름입니다. 출생 연도가 다를 뿐, 모두 '디지털 문명에 익숙하고 디지털 기기를 신체 일부처럼 자연스럽게 사용하는 세대'죠.

이 세대 자녀들이 잘 쓰는 은어 중 '꼰대'라는 것이 있습니다. 사고방식이 권위적인 어른이나 부모, 교사를 비하할 때 쓰는 말이죠. 꼰대 유형에 해당하는 어른은 어느 세대에나 있었지만 요즘 특히 더 환영받지 못합니다. 좋은 말도 '꼰대식' 화법으로 하면 외면당하기 일쑤고요.

그래서 저도 아이들에게 "꼰대 강사가 왔다 갔네"라는 비아냥을 듣지 않으려 무척 노력합니다. 특히 유익한 정보를 전달할 때 다음과 같은 표현을 쓰지 않으려고 애씁니다.

"선생님이 여러분만 할 때는", "내가 젊었을 때는", "요즘 애들은 말이죠".

이런 식으로 말하면 아이들은 속으로 이럴 수 있습니다.

'안물안궁(안 물어봤고, 안 궁금합니다)', '요즘 늙은이들은 말이죠'.

디지털 이주민 강사라서 잘 모르는 디지털 원주민 이야기는 솔직히 모른다고 인정하고 공유하려 노력합니다. 어른들이 생각하는 것 이상으로 아이들은 공유에 너그럽거든요. 학교 현장 강의를 예로 들어보겠습니다.

초중고 학생들에게 1G(1세대 이동통신)에서 5G(5세대 이동통신)까지 '스마트폰 발전사'를 설명할 때, 가르치듯 말하면 아무도 듣지 않습니다. '너희가 모르는 걸 나는 안다' 식으로 뽐내듯 말하면 재수 없어 하고요. 이럴 때 좋은 방법은 5G로 채팅을 하는 아이들에게 제가 경험한 '1990년대 채팅 스토리'를 공유하는 것입니다. 어떻게 말하느냐에 따라 재미있는 화젯거리가 되거든요.

우선 "채팅이 처음 도입된 1990년대에는 말이죠"라고 운을 떼면서 당시의 통신 장비를 자료 화면으로 보여줍니다. 그런 다음 추억의 PC 통신용 터미널 프로그램인 천리안, 유니텔, 하이텔, 나우누리 사용법과 당시의 뒤떨어진 통신 환경에 대한 '썰'을 실감 나게 풀고요.

"그때는 인터넷망이 아니라 전화선을 사용하는 시스템이어서 통신 장애, 일명 '통장' 현상이 많았어요. 예를 들어볼까요? 집 전화 번호가 하나인 가정에서 누군가 PC 통신을 하고 있다고 쳐요. 그럼 그 집 전화는 통신을 마칠 때까지 계속 불통입니다. '뚜뚜뚜', '치이익' 소리만 나죠. 급한 용건 때문에 전화를 건 사람도, 걸어야 하는 사람도 열불이 납니다. 열받는 건 통신 중인 사람도 마찬가지고요. 중요한 정보를 다운로드받고 있는데 갑자기 끊겼다면 이런 소리가 절로 나옵니다. '누구야? 전화기 빨리 안 내려놔?', '나다, 네 엄마! 우리 집 전화기 전세 냈냐? 맞고 끊을래, 그냥 끊을래?'"

와이파이 사용을 당연하게 여기는 아이들은 이런 이야기도 재미있어합니다.

"경악스러운 통신비 이야기도 해줄까요? '와이파이'라는 개념조

차 없던 시절이니 사용 시간만큼 전화 요금이 나왔어요. 전화 요금에 정보 이용료까지 더해서요. 다 합치면 한 달 전화 요금이 평균 10만 원 가까이 나왔습니다. 자린고비처럼 악착같이 아껴 써야 3만 원 정도고요. '뭐, 요즘이랑 비슷하네'라고 생각할 수도 있겠지만 당시 9급 공무원 월급이 50만 원 정도였어요. 그러니 10만 원이 얼마나 큰돈이었겠어요? 어쩌다 통신 삼매경에 빠져 정신 줄을 놓고 썼다면 통신비가 100만 원도 넘게 나오는 집이 많았습니다. 요즘 통신 환경이랑 참 다르죠?"

공유가 공감으로 이어지면 아이들이 제 이야기를 경청합니다. 강의를 마칠 때까지 현장의 주도권은 제가 쥐게 되고요.

부모와 자녀의 '스마트폰 밀당전'도 마찬가지입니다. 디지털 원주민 자녀의 특성은 무시하고 권위적으로 훈계하면 설득력을 잃습니다. 꼰대 부모의 듣기 싫은 잔소리에 불과하거든요.

자녀에게 첫 스마트폰을 주기 전에 자녀 세대의 특성을 수용하고 공유하려는 마음가짐부터 가져보세요. 그럼 저절로 부모에게 '밀당' 주도권이 넘어옵니다. 이것이 '진짜' 권위 있는 부모의 모습입니다. 주도권을 쥔 부모가 어떻게 자녀를 슬기롭게 지도하는지 궁금하신가요? 그 해법은 이 책을 정독하고 나면 보입니다.

'부작용'을 달리 보니 아이의 반응도 다르다

'중독' 말고
'과의존'이라고 말했더니

스마트폰에 푹 빠진 아이 때문에 골치가 아프다는 학부모가 이렇게 물어왔습니다.

"선생님! 큰애는 안 그런데 작은애는 스마트폰이라면 사족을 못 써요. 이거 스마트폰 중독 맞죠?"
"어떻게 사족을 못 쓰는데요?"
"뭐, 틈만 나면 스마트폰이죠. 빼앗아도 그때뿐이고요. 어쩔 땐 뺏기지 않으려고 반항도 한다니까요."

이 아이를 어찌하면 좋을까요? 부모의 진단처럼 중독이 맞긴 할까요? 똑같은 양육 환경에서 키웠는데, 작은애만 유독 스마트폰에 집착하는 이유는 뭘까요? 그 비밀을 알려면 우선 '스마트폰 중독'에 대한 이해가 필요합니다.

요즘 교육 현장에선 '중독'이란 용어를 잘 쓰지 않아요. '과의존'이라고 하죠. 이 책에서 '중독'이라고 쓴 것은 편의상 그런 겁니다. 과의존보다 중독이 대중적으로 쉽게 이해되기 때문입니다. 교육계에서 중독을 과의존으로 대체한 이유는 '중독'이라는 단어 자체가 주는 부정적 어감과 자극 때문입니다. '중독'이란 단어 사용 및 진단에 대한 정확한 합의가 없다는 학술적 이유도 있지만요.

실제로 현장에서 두 용어를 써보면 아이들이 확연히 다른 반응을 보입니다. 얼마나 다른지 다음 사례를 통해 살펴보겠습니다.

사례1　2016년, 모 중학교에 '인터넷·스마트폰 중독 예방 교육' 강의를 나갔습니다.

강당에서 강의안을 띄워놓고 학생들을 맞이할 준비를 하는데, 어떤 남학생이 자리에 앉으면서 투덜거리더군요.

"나는 중독도 아닌데, 이런 교육을 왜 들어야 하는 거야?"

전수조사에서 잠재적 위험군과 고위험군 사용자로 진단받은 학생들을 모아놓고 '인터넷·스마트폰 중독 집단 상담'을 할 때도 비슷한 반응을 보입니다. 첫 상담 때는 중독자로 낙인 찍혔다는 학생들의 불편한 심기가 느껴졌습니다. 대놓고 불만을 이야기하는 학생도 있었고요.

"선생님! 저 중독 아닌데 억울해요. 괜히 검사를 솔직하게 했어요. 친구처럼 다 '아니다'라고 찍을걸…."

사례2 모바일 게임 중독 때문에 가족 상담을 하던 날, 엄마만 상담실을 방문했습니다.

"죄송합니다. 아들은 죽어도 안간다고 해서 저만 왔어요."

"괜찮습니다. 그런데 아드님한테 상담받는 이유를 뭐라고 하셨어요?"

"넌 게임 중독이다. 더 심각해지기 전에 상담받아야 된다. 그랬더니 막 화를 내더라고요. 자기를 환자 취급한다고."

중독이어도 중독자 취급하면 아이들은 발끈합니다. 이를 말해주듯 2017년부터 교육명을 '인터넷·스마트폰 과의존 예방 교육'으로 바꾸고 나서는 참여 반응이 한결 좋아졌습니다.

자녀가 스마트폰에 푹 빠졌을 때 이렇게 말해보세요.

"스마트폰을 과하게 사용하는구나! 의존성이 생긴 것 같은데, 상담을 받아보면 어떨까? 자가 진단 테스트를 해봐도 좋고."

추측보다 객관적 근거가 자녀에게 먹힙니다. '스마트폰 사용 시간이 길다, 아니다'만으로 과의존 여부를 판단하면 안 됩니다. 척도 검사를 통해서 자녀의 스마트폰 사용 상태를 보다 객관적으로 파악하는 자세가 필요합니다. '한국지능정보사회진흥원 스마트쉼센터' 홈페이지(http://www.iapc.or.kr)를 방문하면 자녀의 연령대에 맞는 척도 검사를 받을 수 있으니, 궁금하신 분은 해보시길 바랍니다.

'어떻게'와 '실행'에 집중하기

과의존 정도에 따라서 일반/잠재적 위험/고위험 사용자군으로 나뉘는데, 어떤 결과가 나와도 너무 걱정하지는 마세요. 척도 검사는 자녀의 현재 스마트폰 사용 상태를 알기 위한 여러 가지 측정 자료 중 하나일 뿐입니다. 어떤 양육자는 아이가 고위험 사용자군 진단을 받자마자 이렇게 질책합니다.

"거봐! 엄마가 뭐랬어? 스마트폰 중독이라고 했지? 오늘부터 스마트폰 금지야! 알겠어?"

다그치면 아이의 상태를 더 악화시킬 뿐입니다. 다시는 그 어떤 검사도, 상담도 받지 않겠다는 반감만 갖게 하고요.

척도 검사 결과보다 중요한 것은 자녀의 스마트폰을 어떻게 관리하고 바른 사용 실천 방법을 찾는가 하는 것입니다. 자녀가 어떤 상태든 '노답(답이 없다)'은 없으니 지레 포기하지 마세요. 오랜 기간 치유의 현장에 있으면서 느낀 것은 '뜻이 있는 곳에 길이 있다.'라는 말이 딱 맞는다는 사실입니다.

03

충돌을 협조로 바꾸는 지혜, 선택 A와 B의 기술

현명한 해결법, 충돌의 최소화

어느 날 디지털 미디어 강연장에 모인 부모님들께 이렇게 여쭤봤습니다.

"열심히 배운 교육 내용을 자녀에게 적용하는 단계에서 힘들었던 게 무엇인가요?"

그러자 이런 답변이 쏟아졌습니다.

'아이가 협조하지 않는 것.'

어느 부모나 마주치는 현실의 벽입니다. 그래서 그 벽을 넘거나 부수는 실전의 기술이 필요하고요. 대부분의 아이는 자유와 욕구를 제한하는 어른의 간섭을 못마땅해하기 때문에 비협조적인 태도를 취하거든요.

지금부터 설명하는 '선택 A와 B의 기술'은 현장에서 실제로 썼을 때 효과를 많이 본 방법입니다. 서로의 욕구가 달라 부모와 자녀 사이에 대립과 갈등이 발생했을 때, 의견 충돌 없이 합의점을 찾는 방법입니다. 이해를 돕기 위해 제 경험담을 예로 들어보겠습니다.

　　힘들게 일하고 퇴근한 저녁, 숨 돌릴 틈도 없이 저녁 식사 준비에 돌입합니다. 중학생 아들은 게임을 하고 있고요. '학원 가기 전에 잠깐 하는 게임이니 건드리지 마!'라는 무언의 메시지가 온몸에서 뿜어져 나옵니다. 봐줄 수도 있지만 저녁 식사는 가족이 함께 차려야 한다는 것이 제 신조라서 아들에게 제안했습니다.

　　"아들! 저녁을 먹어야 하는데, 둘 중 하나는 네가 도와주면 좋겠어."

　　"뭔데?"

　　"선심 쓰는 차원에서 오늘 저녁상은 네가 다 차려줄래? 아님 수저 놓고 밥만 떠줄래?"

　　"엄마, 내가 미쳤어? 저녁상을 다 차리게? 당근 두 번째지!"

　　"알았어, 고마워! 도와줘서."

　　잠시 후 저녁상을 차리며 아들에게 조금 전에 제안한 도움을 요청하자 군말 없이 해줍니다. '하마터면 덤터기 쓸 뻔했네'라는 표정으로요.

대략 감이 오시죠? 제가 원래 생각했던 것은 후자였습니다. 그런데 만약 다음과 같이 제안했다면 아들은 어떤 반응을 보였을까요?

"아들! 저녁상은 엄마가 차릴 테니까 수저 놓고 밥 뜨는 건 네가 해줄래?"라고 물었다면 "귀찮은데…. 하는 김에 엄마가 다 하면 안 돼? 나 힘들단 말이야" 또는 "엄마는 왜 맨날 나만 시켜?"라고 항의했겠죠.

그럼 저도 괘씸한 마음에 쏘아붙일 겁니다.

"너만 힘들어? 엄마는 더 힘들어!", "엄마가 언제 너만 시켰다고 그래? 공부하고 있는 것도 아닌데, 좀 도와주면 안 되니?"

결국 둘 다 불만을 갖습니다. 저는 제 뜻을 관철했지만 아들의 비협조적 태도에 기분이 상하고, 아들은 짧은 휴식 시간을 방해받은 것도 모자라 잔소리까지 들었으니 짜증이 나고요.

선택 A와 B의 기술이
좋은 이유

이럴 때 필요한 방법이 '선택 A와 B의 기술'입니다. 부모와 자녀 중 이기고 지는 사람 없이 갈등을 해결하는 방법이죠. 이 방법이 좋은 이유는 상호 협의 과정을 거친 뒤 최종 선택을 자녀가 하므로 선택에 대한 책임감을 느끼기 때문입니다. 또 의사 결정 과정에 자녀를 참여시켰기 때문에 부모의 명령을 받는 듯한 느낌을 최소화할 수 있습니다.

단, 주의할 점은 A와 B의 제안을 적절하게 해야 자녀가 동의한다는 것입니다. 부모 교육 때 실시해보면 엉뚱한 제안을 하는 등의 실수를 해서 효과를 못 보기도 하거든요. '선택 A와 B의 기술'을 적절하게 쓰는 방법은 다음과 같습니다.

선택 A와 B의 기술을 잘 활용하는 방법

① 자녀와 의견 충돌이나 대립과 갈등이 일어날 것으로 예상되는 문제가 발생하였을 때 해결법을 A와 B, 두 가지로 제안합니다.

② 이때 A로는 '아이 입장에서 B랑 비교했을 때 실천하기 어렵고 손해가 될 만한 것'을 제안합니다. B로는 아이 입장에서 'A랑 비교했을 때 실천하기 쉽고 이익이 되는 것'인데, 실은 부모가 바라는 것을 제안하고요.

③ A와 B는 되도록 동일한 종류일수록 좋습니다. 즉 A가 모바일 동영상이면, B도 모바일 동영상이어야 좋다는 거죠. A 제안은 모바일 동영상인데, B 제안은 다른 종류라면 효과성이 떨어집니다. 예를 들어볼까요?

(가). 적절한 제안을 했을 때 (제안 목표 : 30분 후 유튜브 사용 마치기)

👩 유튜브를 지금 바로 마칠래? (A 제안)

　 30분 더 하고 마칠래? (B 제안)

👦 30분 후에 마칠게.

(나). 제안 목표는 (가)와 같지만 적절치 않은 제안을 했을 때

👩 책 열 권 읽을래? (A 제안)

　 유튜브를 30분 더 하고 마칠래? (B 제안)

👦 왜 갑자기 책을 읽어야 하는데?

④ 최종 선택은 반드시 자녀가 하도록 유도해야 상호 협의 효과가 있습니다. 실천했을 때 칭찬으로 보상해주면 실천의 기쁨을 느낌과 동시에 아이의 자존감도 높아집니다.

⑤ 자녀의 성향과 협조도에 따라 A와 B 중 아무것도 따르지 않겠다고 할 때가 있습니다. 당연하고 흔한 반응이니 당황하지 마세요. 이럴 때는 추가적인 대화의 기술을 발휘해 합의점을 찾으면 됩니다.

👩 OO야! 이제는 잘 준비를 해야 할 시간인데, 지금 바로 스마트폰 사용을 마칠래, 30분 후에 마칠래?

👦 둘 다 싫은데?

👩 아, 그렇구나. 둘 다 싫은 걸 보니 오늘은 스마트폰으로 할 게 많은가 보구나. 알았어! 그럼 네가 우리 둘 다 만족할 만한 방법을 제안해줄래?

👦 내가? (잠시 고민하다가) 3시간 후에 마치기, 어때?

👩 그렇구나! 오늘은 3시간 더 하고 싶구나?

👦 응.

👩 그 마음은 알겠는데, 3시간은 무리야. 오늘 너무 많이 보면 내일은 스마트폰 사용을 아예 쉬어야 하거든. 이러면 어떨까? 엄마는 사실 지금 바로 마쳤으면 좋겠는데, 너는 3시간을 원하니까 1시간 더 하고 끝내는 거.

👦 1시간은 적은데⋯ 2시간 어때?

👩 (이때부터는 단호하게 한계를 정해줍니다) 2시간은 안 돼! 1시간이 싫으면 지금 끝내든지.

👦 (잠시 생각) 알았어, 1시간만 더 할게.

이 대화법은 실제 갈등 상황에서 (가)보다 많이 쓰이기 때문에 활용도는 높지만 적용의 어려움이 있습니다. 자녀의 마음을 열고 협조를 이끌어내는 수용 화법부터 적극적 듣기, 아이가 보낸 이중 메시지의 의미를 해석해주기, 자녀의 사고력 향상을 돕는 대화법, 나-메시지로 부모의 감정과 제안 전달하기가 복합적으로 사용됐거든요. 여기에는 반복적인 훈련과 연습이 필요한데, 위의 문장을 복

습하면서 각각의 예를 구분해보겠습니다.

선택할 수 있는 A와 B 제안

지금 바로 스마트폰 사용을 마칠래, 30분 후에 마칠래?

(다시 제안하기) 1시간이 싫으면 지금 끝내든지.

자녀의 이중 메시지와 의미 해석

이중 메시지 : 둘 다 싫은데? (방어적/반항적 대답에 숨은 진짜 메시지는 "나는 지
금 스마트폰 사용을 멈추고 싶지 않아, 더 하고 싶어!")

의미 해석 : 둘 다 싫은 걸 보니 오늘은 스마트폰으로 할 게 많은가 보구나.

자녀의 의견을 있는 그대로 받아주는 수용 화법

아, 그렇구나.

자녀의 사고력 향상을 돕는 대화법

알았어! 그럼 네가 우리 둘 다 만족할 만한 방법을 제안해줄래?

나-메시지로 부모의 감정과 제안 전달하기

엄마는 (나-메시지) / 사실 지금 바로 마쳤으면 좋겠는데, (부모의 솔직한 감정
표현) / 너는 3시간을 원하니까 1시간 더 하고 끝내는 거. (제안하기)

그 밖의 제안

운동을 시키고 싶을 때 : ○○야! 전에 말한 운동을 시작하면 좋겠는데, 오늘부터 할래, 다음 주부터 할래?

집안일을 돕게 하고 싶을 때 : 네 도움이 필요한데, 다섯 가지 도와줄래, 한 가지 도와줄래?

대안 활동으로 반려견과 산책을 다녀오게 하고 싶을 때 :

강아지랑 산책 다녀오면 좋겠는데, 산책시키고 발까지 씻어줄래, 산책만 시켜줄래?

예시 말고도 현재 처한 상황에 따라 다양한 제안과 응용이 얼마든 가능합니다. 성패의 원인은 가정마다 조금씩 달라 자세히 언급할 순 없지만 성공한 가정의 공통점은 꾸준한 시도와 실천 노력이었습니다. '선택 A와 B의 기술'을 활용할 때 가장 핵심이 되는 기술도 꾸준한 시도와 실천 노력이고요.

처음엔 다들 시행착오를 겪습니다. 다양한 상황에서 자꾸 아이디어를 짜내고 경험해봐야 우리 아이랑 맞는 나만의 실전 요령이 생기고 지도 기술도 늘어납니다. 이 기술을 활용해 내담자를 치유하고, 가정에서 아들과 좋은 관계를 유지하는 저도 초반에는 갈팡질팡했습니다. 부모 자신부터 '자꾸 하면 된다!'라는 용기와 희망을 가지세요. 실제로 해보면 온갖 시행착오의 벽에 부딪히지만 결국엔 '됩니다!'

04

게임에 열광하는 자녀, 피할 수 없다면 '학습 전략'으로

'자녀가 게임을 너무 좋아해서, 게임 중독(과의존) 증세가 있어서, 게임만 하면 무아지경에 빠져서, 게임 외에 다른 것엔 관심이 없어서' 고민이라는 학부모 대상 강의 때 여쭤봤습니다.

"롤, 마크, 배그, 카트가 무슨 말일까요?"

몇 분을 제외하곤 어리둥절한 표정을 짓습니다. 롤은 '롤케이크', 마크는 '심벌마크', 카트는 '마트에서 끌고 다니는 카트'라는 지극히 현실적인 대답을 한 분도 있었고요.

정답은 '롤=리그오브레전드(League of Legends), 마크=마인크래프트(Minecraft), 배그=배틀그라운드(Battlegrounds), 카트=카트라이더(Kartrider)'로 모두 게임의 약자(略字)입니다.

게임 좋아하는 자녀가 들으면 "헐! 이러니 소통이 안 되지"라고 비웃을 법하지만 사실 게임에 무관심한 부모 입장에선 모르는 게 당연합니다. 게임의 '게' 자만 들어도 싫다는 분은 이렇게 묻기도 하고요.

"부모가 관심 없는 게임 용어까지 알아야 하나요? 못하게 하는 방법만 알면 되죠."

답은 자녀가 좋아하는 게임명과 관련 용어를 알아두면 좋다는 것입니다. 그래야 갈등과 싸움의 고비를 잘 넘기면서 아이랑 좋은 관계를 유지할 수 있어요. 실제 상담 사례를 예로 들어보겠습니다.

어느 날 게임을 좋아하는 15세 아들 S가 느닷없이 묻습니다.

"엄마, 나 컴에 배그 깔아도 돼?"

이때 "배그? 그게 뭔데?"라고 묻는다면 기선 제압에 실패합니다. 아이가 좋아하는 게임이 뭔지 모르면 주도권 대결에서 한 수 밀린 것이니 아이와 설전을 벌일 준비를 해야 합니다. 물론 그 어떤 말도 들어보지 않고 "안 돼! 공부나 해!"라고 일언지하에 거절하거나 "맨날 그놈의 게임 타령, 지겹다 지겨워! 이젠 그만 좀 할 수 없니?"라고 짜증 내는 것보다는 백번 나은 대응이지만요. 제일 좋은 대응은 이렇게 대답하는 것입니다.

"아, 스팀 배그가 하고 싶구나? 그 맘은 엄마도 잘 알겠는데, 3만 2,000원을 주고 사야 하고, 청소년 이용 불가 게임이라서 내키지가 않네. 어떻게 하면 좋을까?"

순간, S는 게임에 무지한 줄 알았던 엄마의 예리한 지적에 당황하면서도 포기하지 않습니다. 너무 하고 싶으니까요. 그래서 떼를 쓰기 시작합니다.

"그래도 하고 싶어! 나이가 안 되는 건 나도 아는데, 내 친구들은 다 한단 말이야."

이럴 땐 어떻게 대처하면 좋을까요? S의 엄마는 어떻게 대답해야 할지 몰라 "글쎄다. 상담 선생님한테 물어보자!"라는 말로 답변 시간을 벌었다고 했습니다. 나름 센스 있는 대응이었습니다. 적어도 자녀가 뭔가 물어보면 그 즉시 답을 해야 한다는 오류를 범하진 않았으니까요. 최선의 대응은 적극적 듣기를 통해 아이가 의견을 충분히 말하게 한 뒤 스스로 발전적 결론을 내리게끔 도와주는 것입니다.

아이의 느닷없는 질문에 대한 적절한 답을 잘 모르거나 생각할 시간이 필요할 땐 솔직하게 제안하는 것도 좋습니다.

"음, 엄마도 이 문제는 생각을 좀 해봐야겠다. 우리 내일 저녁 8시에 다시 이야기할까? 열심히 고민해보고 답해줄게."

최악의 대응은 '무시, 비난, 단칼 거절'입니다.

"너 바보니? 친구가 한다고 너도 따라 하게?"

"청소년 이용 불가 게임을 한다고? 절대 안 돼! 다신 말도 꺼내지 마!"

"배그 할 시간 있으면 단어 하나라도 더 외워! 지난번 영어 시험 망친 거 잊었니?"

"네 친구들은 왜 하나같이 그 모양이니? 한심하다, 정말. 언제 철들래?"

혹시나 하는 마음에 졸라봤다가 훈계만 잔뜩 들으면 자녀는 어떤 생각을 할까요?

순순히 포기하고 공부에 전념할까요? 절대 아니죠. '엄마한테 사정한 내가 멍청이, 바보였다'고 반성하면서 다음부터는 몰래 합니다. 들키면 거짓말, 변명, 우기기, 대들기, 반항 같은 방어기제를 쓰면서 부모의 속을 뒤집어놓죠.

게임에 열광하거나
분노했을 때

앞서 예를 든 게임 중 '롤(LoL)'은 게임 좋아하는 자녀를 둔 학부모라면 알고 있어야 할 게임이죠. 2011년 12월에 출시된 이후 전 세계 월 접속자 1억 명, 동시 접속자 수 800만 명이 넘는 세계적인 PC 게임입니다. 한국에서도 국민 게임이라고 할 만큼 인기가 많고 웬만한 남학생은 다 해본 경험이 있는 MOBA(Multiplayer Online Battle Arena, 팀 대항 온라인 게임) 장르 게임이기도 하고요. 실시간 전투와 협동 팀플레이, RTS(Real-Time Strategy, 실시간 전략 게임)와 RPG(Role Playing Game, 게임 속 캐릭터를 연기하며 즐기는 역할 수행 게임)를 하나의 게임에서 동시에 즐길 수 있기 때문에 박진감 넘치는 만큼 중독성도 강합니다.

얼마 전 모바일 버전이 나와 스마트폰에서도 롤을 즐길 수 있게 됐는데, 이 게임을 자세히 소개한 이유가 있습니다. 다음 사례에 대한 이해를 돕기 위해서죠.

롤 때문에 대판 싸웠다는 L(14세, 남)과 엄마를 상담실에서 만났습니다. 불만 가득한 표정으로 서로를 노려보는 모습이 살벌했죠. L의 엄마가 먼저 비난하는 투로 말문을 열었습니다.

"선생님, 전 도저히 이해할 수가 없네요. 어떻게 게임하느라 학원 차를 놓칠 수 있어요? 한 번도 아니고 세 번씩이나?"

"아, 그런 일이 있었군요."

"네! 그뿐인 줄 아세요? 얘가…."

그날의 분노가 떠올라 잠시 말을 잇지 못하던 엄마의 목소리가 커졌습니다.

"얘가 저를 확 밀쳤어요. 방에서 나가라고!"

L도 지지 않고 신경질적으로 맞받아칩니다.

"내가 괜히 그랬어? 엄마가 컴퓨터를 갑자기 꺼버렸잖아!"

"네가 게임을 계속하니까 그렇지. 학원 차가 기다리고 있는데!"

"그래서 내가 끝나고 버스 타고 간다고 했잖아!"

"그걸 말이라고 해? 지금?"

아들과 엄마의 날선 대립이 생생하게 그려지죠? 양쪽의 입장을 정리하면 이렇습니다.

L은 롤 게임 마니아입니다. 시간 날 때마다 짬짬이 롤 계급 올리는 재미에 빠져 엄마랑 충돌한 그날도 팀전(온라인 게임에서 여러 명이 편을 갈라 승부를 겨루는 방식)을 하고 있었죠. 이번 판만 얼른 끝내고 학원에 갈 심산으로요. 그런데 팀전이 어디 마음대로 되던가요? 플레이 시간이 예상보다 길어졌고, 학원 갈 시간이라는 엄마의 재촉 소리가 날아왔습니다. 학원에 늦더라도 팀전을 마칠 것인지, 게임을 끝내고 나갈 것인지 갈등되는 상황에서 L은 전자를 택했습니다. 팀전 도중 접속을 종료한다는 건(일명 '탈주') 팀을 패배로 이끈 역적이 된다는 의미인 동시에 페널티(penalty)[07]도 받기 때문입니다. 즉 엄마 입장에서 보면 정신 나간 선택이지만 L 입장에선 필사의 선택인 거죠.

이런 속사정을 엄마는 모릅니다. 알아도 관대하게 참고 기다려주긴 힘들죠. 아무리 재촉해도 아들이 꼼짝하지 않자 화가 머리끝까지 났습니다. 방 안으로 달려 들어가 컴퓨터 전원 코드를 뽑아버렸죠. 하필 L이 적의 포탑을 치열하게 부수던 순간에요. 모니터 화면이 허망하게 꺼짐과 동시에 L의 멘탈도 붕괴됐습니다. 솟구쳐 오르는 분노를 참을 수 없어 엄마를 문 쪽으로 거세게 밀치면서 소리쳤어요.

"나가! 나가라고!"

지나친 방치와 통제는
화를 부른다

중독이다 싶을 정도로 게임에 빠진 자녀를 둔 부모라면 이와 비슷한 경험이 있을 겁니다. 게임을 못하게 했을 때 자녀가 평소와는 다르게 짜증, 신경질, 화를 크게 내거나, 해야 할 일을 마냥 미루는 등 문제 행동을 보인 경험이요. 어떤 부모는 백날 말해봤자 듣지도 않고 지친다는 이유로, 어떤 부모는 자식이지만 무섭다는 이유로 그냥 놔두기도 합니다. 이런 방치와 회피는 '화(禍)'라는 부메랑이 되어 돌아옵니다.

상담한 부모 중 '게임을 주야장천 하면 질려서 그만하지 않을까?'라는 생각에 두 달간 아이가 밤새 게임을 하든지 말든지 내버려둔 분이 있었습니다. 혹시나 하는 기대는 최악의 결과로 무너졌고요. 하던 게임에 질리기는 했지만 새로운 게임을 찾는 바람에 아이는 통제 불능 상태가 되었거든요.

정반대 상황에 처한 부모도 있었습니다. 자녀가 게임에 노출되는 시기를 최대한 늦추기 위해 중학교 졸업할 때까지 '디지털 기기 제로(zero)' 환경을 만들었습니다. 거실 전체를 도서관처럼 꾸며놓고 독서를 많이 시켰고요. 아들의 불만과 원성은 부모의 권위로 묵살해버렸습니다.

이런 가정 환경에서 자란 아이가 어쩌다 게임에 중독되었을까요?

디지털 기기 자체를 사용하지 않았는데 말이죠. 문제는 지나친 규제였습니다. 아들이 고1이 되었을 때 스마트폰 사용을 허용했는데, '늦바람이 무섭다'라는 말이 딱 맞아떨어진 겁니다. 뒤늦게 게임이라는 신세계를 경험한 아들이 정신없이 빠져들었거든요. 엄마가 차로 학원 앞에 데려다주면 옆 건물 PC방에서 게임을 하다가 집에 돌아올 정도였습니다. 결국 대학 진학에 실패하고 재수를 했는데, 이런 갈등 사례를 자세히 알고 나면 답답한 마음에 외치게 됩니다.

"그럼 어떻게 하면 좋을까요?"

아군의 마음으로 대하기

게임에 열광하는 자녀와 잘 지내고 자녀가 게임하는 시간까지 효과적으로 컨트롤하고 싶다면 '게임은 무조건 나쁘다'라는 편협한 사고부터 버려야 합니다. 그래야 싸움 말고 대화를 할 수 있습니다. '청소년 바른 ICT(Information and Communication Technologies) 진로교육' 현장에서 학생들을 대상으로 '나의 건강, 학습, 교육, 진로에 불필요한 앱은 제거하고 유용한 도움이 되는 앱 설치하기'를 해보면, 안 하는 게임은 지우고 새로운 게임을 설치하는 학생이 많습니다. 이유를 물어보니 게임을 해야 스트레스가 풀리고 힐링도 된다고 합니다. 억지가 아니라 맞는 말이기도 하고요. 실제로 게임은 역기능만큼 순기능도 많습니다. 어떤 게임을 얼마만큼 조절력 있게 하느냐에 따라 삶의 활력소가 되기도 하고 독이 되기도 합니다. 특히 게임이 아이들에게 친구들과의 커뮤니케이션, 놀이 수단, 여가 활동인 요즘에는 더욱더 그렇습니다.

그런데 부모의 시각은 어떤가요? '게임은 학습을 방해하는 콘텐츠'라는 부정적 생각이 지배적입니다. 그러니 자녀가 게임만 했다 하면 못마땅한 시선으로 바라보고 사용 시간이 길어지면 한숨부터 쉬죠. 한숨이 분노가 되면 다투는 거고요.

게임 때문에 부모와 자녀가 대립각을 세우는 건 아주 흔한 일입니다. 이때 부모의 권위를 내세워 게임하는 시간을 통제하려 들면, 아이는 말을 듣지 않습니다. 뇌의 변연계가 반응하면서 저항, 반항, 거부, 분노, 적대, 거짓말, 숨기기, 책임 전가, 조르기를 하거든요. 순종적인 일부 아이들은 복종하지만 내면의 스트레스를 어쩌지 못해 무기력, 퇴행, 우울 같은 반응을 보일 수도 있습니다.

자녀가 게임하는 시간을 효과적으로 컨트롤하는 방법은 자녀가 적당히 게임을 하다가 멈출 수 있게끔 도와주는 아군이 되는 것입니다. 이 시기 아이들은 게임도, 공부도 아군(자기편)이 말한다고 느껴지면 따르는 특성이 있거든요.

자녀가 게임과 관련된 요구를 했을 때, 수용 화법과 적극적 듣기를 활용해 충분히 듣고 공감하려는 노력을 기울여보세요. 게임에 대한 아이의 이야기를 편견 없이 듣다 보면 아이와 공감대가 형성

되고 어느 순간 합의점을 찾을 수 있거든요.

프랑스의 고전 작가 프랑수아 드 라 로슈푸코(François de la Rochefoucauld)는 이런 말을 했습니다.

"경청하고 대답을 잘해주는 것은 대화술에서 인간이 다다를 수 있는 최고의 경지다."

현장에서 만난 수많은 아이들의 반응도 비슷합니다. 권위를 내세워 통제하고 규제하는 부모보다 경청하는 부모, 아군 같은 부모가 아이의 마음을 얻을 수 있다는 것을 꼭 기억하세요.

게임 좋아하는 자녀와 다투지 않고 잘 지내는 요령

1. 아이가 즐기는 게임은 알고 있자

자녀가 주로 하고 좋아하는 게임이 뭔지 알아봅니다. 게임명을 알았다면 포털 사이트에서 검색해보세요. 온갖 설명이 상세하게 나오는데, 15분 정도만 투자해서 읽고 나면 아이와 대화 가능한 수준이 됩니다. 좀 더 생생한 대화를 원한다면 아프리카TV, 유튜브를 시청하는 것도 요령입니다.

2. 나이에 맞는 게임인지 궁금하다면?

'게임콘텐츠 등급분류위원회'에서 자녀가 하는 게임을 검색해보세요. 적절한 지도의 시작은 '연령 등급에 맞는 게임을 하고 있는지' 여부를 알아보는 것입니다.

3. 절대 허용하면 안 되는 게임도 있다

사행성을 부추기는 '모바일 도박 게임'은 자녀가 집요하게 졸라도 절대 허용하면 안 됩니다. 몰래 하는 걸 아는 순간 당장 금지시켜야 하고요. 대표적으로 '소셜 그래프 게임', '달팽이 레이싱 게임', '사다리 게임' 등이 있습니다. 중독성도 매우 강하지만 아이들은 이런 위험한 도박 게임을 단순한 게임으로 생각하는 경향이 있습니다. 자녀가 첫 스마트폰을 쓰기 전에, 혹은 사용 중에도 계속 일러줘야 하는 사항입니다.

4. 자녀가 프로게이머나 게임 방송 유튜버가 되고 싶다고 할 때는?

요즘 이런 꿈을 꾸는 아이들이 참 많습니다. 우리나라뿐 아니라 전 세계적으로 게임 관련 산업이 엄청난 규모로 성장하고, 1년 수입이 수십억인 프로게이머, 게임 방송 유튜버도 있거든요. 반대로 부모는 탐탁지 않은 마음에 "그 직업은 좀…" 또는 "안 돼!"라고 말리고 싶어 하죠.

자녀가 프로게이머나 게임 방송 유튜버가 되고 싶다고 하는 경우, 자녀가 즐기는 게임의 성장 배경과 전략, 선망하는 게이머와 유튜버처럼 되기 위한 조건, 인기 요인 등을 자녀와 함께 학습하세요. 조사하다 보면 단순히 게임만 잘해서는 프로 게이머가 될 수 없다는 것, 관련 직종에 게임 기획자, 프로그래머, 게임 그래픽 디자이너, 게임 방송 프로듀서, 게임 마케터, 가상현실 전문가 등 다양한 직업이 있다는 것을 알게 됩니다. 게임 산업의 본질을 이해하다 보면 디지털 플랫폼과 연관된 신산업의 성공 요인이 보입니다. 자녀에게 이러한 학습 과정을 체험시켜 주세요. 이런 기회만 줘도 알아서 능력껏 꿈을 바꾸거나 발전시켜나갈 것입니다.

05

순간의 분노 조절이 어려운 자녀는 이렇게 리드한다

자녀가 헐크처럼 돌변할 때가 많다면 감정 조절 능력이 부족하다는 신호입니다. 부모가 이 신호를 무시하고 스마트폰을 허용하면 얼마 안 가 후회스러운 상황을 맞이할 수 있습니다. 부모는 자녀가 스마트폰을 화풀이 도구로 쓰기 전에 감정의 중심을 잡아줘야 합니다. 어떻게 분노를 표출하고 다스리면 좋은지 알려줘야 자녀가 즐겁게 디지털 세상을 누빌 수 있거든요.

상담 현장에 오래 있다 보니, 부부만 궁합이 있는 게 아니더라고요. 부모-자녀 사이에도 궁합이 있고, 형제-자매-남매끼리도 합이 잘 맞는 조합이 있습니다. 친구 사이, 동료 사이, 교사와 학생 사이도 마찬가지고요. 스마트폰과 성격이 잘 맞는 아이와 안 맞는 아이도 있었습니다. 스마트폰과 상극인 아이의 유형을 간추리면 다음과 같습니다.

- 자기통제 능력이 매우 부족한 아이
- 위험 추구 성향이 높은 아이
- 승부욕과 경쟁심이 높은 아이
- 충동적이고 주의가 산만한 아이
- 감정 조절이 힘든 아이

이 다섯 가지 성격 유형의 공통적 단점은 정서가 다소 불안정하다는 것입니다. 활동 에너지가 많고 도전적이며 새로운 모험과 변화를 즐긴다는 장점도 있지만요. 이런 성격상의 장단점이 스마트폰의 특성 중 하나인 '즉시성'과 만나고 사용 시간이 길어지면 부정적 감정이 배가됩니다. 즉 사소한 일에도 초조, 불안, 짜증, 스트레스, 화를 느낄 때가 많아지는 것이죠. 스트레스가 누적되어 극도로 예민한 상태가 되면 어느 날 갑자기 파괴적 수준의 분노를 터뜨리기도 합니다.

분노 표출이
폭발로 커졌을 때

분노 표출이 반드시 나쁜 것만은 아닙니다. 오히려 분노가 치밀 땐 화를 내야 정신 건강에 좋습니다. 분노는 인간의 자연스럽고 정상적인 감정 중 하나거든요. 누가 봐도 분노할 상황인데, 참고 넘어갔다가 김장 김치처럼 묵혀두면 우울증이 생깁니다. 기분이 저하되고 답답한 상태를 방치하면 분노조절장애가 되고요. 더 깊어지면 화병, 치매, 심지어 암으로 발전할 수도 있습니다.

심신 건강을 지키기 위해서라도 분노는 마음속에 쌓아두면 안 됩니다. 단, 겉으로 드러낼 때는 비폭력적인 방식으로 적절하게 표출해야 합니다. 그러기 위해서는 감정을 조절하는 심리적 기술이 필요하지요.

감정 조절 기술은 누구에게나 유용하지만 스마트폰과 상극인 유형의 아이한테는 더욱 필요합니다. 감정 조절력이 없는 상태에서 스마트폰을 사용한다는 건 폭탄을 들고 화약고 속으로 뛰어드는 것과 같거든요. 그 분노 폭발의 정도를 실감케 하는 상담 사례를 소개합니다.

P(15세, 남)가 부모와 함께 스트레스 해소 상담을 받으러 왔습니다. 말이 좋아 상담이지, 실은 다른 속셈이 있어서 온 경우였습니다. 산 지 얼마 안 된 고가의 최신 스마트폰 액정이 깨졌는데, 부모가 조건을 걸었거든요. 상담을 받아야만 수리를 해주겠다고요. 속사정을 들어보니 그러고도 남을 만했습니다. 어쩌다 실수로 깨진 것이 아니라 냅다 던져서 박살이 났는데, 이번이 무려 여섯 번째였습니다. 던진 이유는 '엄마가 잔소리를 해서'였고요.

아들의 어이없는 말에 대한 엄마의 항변은 이렇습니다.

"새벽 늦게까지 스마트폰 게임을 하다가 학교에 지각하는 건 일상이고, 이젠 결석도 자주 해요. 그런데 얼마 전에 휴대폰 요금이 너무 많이 나와서 알아보니까 얘가 현질(온라인 게임의 유료 아이템을 현금으로 사는 것)을 했더라고요. 좋은 아이템이 있어야 게임에서 이길 수 있다나 뭐라나. 그래서 참다 참다 한마디 했죠. '넌 스마트폰 할 자격이 없다, 내놔라!' 그랬더니 스마트폰을 내던지면서 저한테 덤벼들더라고요. 네가 뭔데 명령이냐고."

이후 격렬한 몸싸움까지 벌였으니 게임 중독이 심각한 수준이었습니다. 당장 분노 조절 상담도 필요한 듯했고요. 그런데 왜 생뚱맞게 스트레스 해소 상담을 했을까요? 이유는 간단합니다. 그래야만 상담에 응하니까요. 상담을 권하는 진짜 속내를 말하면 아이는 역정부터 냅니다. 그다음부턴 상담의 '상' 자도 꺼내지 못하죠. 그래서 처음엔 거부감이 덜한 '스트레스 해소 상담' 혹은 '진로 상담'이란 명분을 내세워 내담자를 만난 뒤, 본인의 문제를 인지하도록 돕습니다.

어떤 부모는 이렇게 우회적으로 접근하는 방식에 의문을 제기합니다. '부모한테 욕하고 덤비는 자식을 왜 봐주냐? 나 같으면 벌써 쫓아냈다', '호적에서 파버리고 자식 취급 안 한다, 정신 차리게 혼내준다' 등의 의견도 제안하시고요.

P의 부모도 이 같은 방법을 안 써본 게 아닙니다. 여덟 살 때 처음 스마트폰을 쓴 아들이 갈수록 제멋대로 굴자 따끔하게 혼냈죠. 그래도 말을 안 듣자 호되게 때려도 보고, 속옷만 입힌 채 쫓아내기도 했어요. 하지만 효과는 그때뿐이었습니다. P는 점점 더 막 나가기 시작했고 급기야 6학년 때는 매질을 하는 엄마의 손을 붙잡았습니다. 그리고 바로 알았죠. 자기 힘이 엄마보다 세졌다는 걸. 그날이후 상황은 역전됐습니다. 폭력을 가하는 아들과 힘없이 당하는 부모의 관계로요.

'이에는 이, 눈에는 눈'을 이기는 힘은?

상담 현장에서는 이런 가정을 의외로 자주 접합니다. 너무 창피하고 속상해서 지인에게조차 말 못하고 혼자 끙끙 앓곤 하죠. 딸 가진 부모도 예외는 아닙니다. 제가 상담한 어느 여학생은 대놓고 엄마를 무시하면서 스마트폰을 내놓으라고 거친 욕을 합니다. 괘씸한 마음에 스마트폰을 정지시키고 와이파이까지 끊어버리면 엄마 휴대폰을 가져가 마음대로 씁니다. 빼앗으려고 하면 사납게 저항하고요. 체격 조건과 상관없이 아이가 이성을 잃고 덤벼들면 부모는 맞대응하기가 버겁습니다. 어떤 양육자는 이런 말을 하기도 합니다.

"어떨 땐 자식이 아니라 괴물 같아요. 무섭기도 하고요. 그런데 포기할 수가 없어요, 자식이니까."

어쩌다 가족 사이가 이렇게까지 악화됐는지 안타깝다 못해 슬프기까지 할 때도 있습니다. 자녀한테 스마트폰 사주기가 겁난다는 분도 있고요.

자칫 막장 스토리 같은 사례인데, 여기서 놓치면 안 되는 메시지가 있습니다. 그걸 발견하면 해결의 실마리가 보이죠. 무엇일까요?

바로 '이에는 이, 눈에는 눈' 방법을 썼다는 겁니다. 바꿔 말하면 '분노에 분노로 맞섰고, 폭력이 폭력을 낳았다'는 것이죠. 더 구체적으로 풀어 말하면 부모의 부적절한 대응이 자녀의 문제 성향과 행동을 강화했습니다. 실제로 정신 질환을 앓는 경우를 제외하고 부모의 사랑과 존중을 받고 자란 아이가 스마트폰 때문에 패륜아가 된 사례는 없습니다. 설사 성향과 기질이 스마트폰의 유혹에 흔들리기 쉽다 할지라도요.

발달 특성상 또는 아이의 성격상 부정적 감정 조절에 취약할 수는 있습니다. 그렇기 때문에 감정 조절 기술이 필요하고요. 재미와 자극이 넘쳐나는 스마트폰 세상에서 균형 감각을 잡도록 도와주는 것이 감정 조절 능력입니다. 부모는 이 능력을 갖추는 방법을 자녀에게 알려주고 생활 속에서 실천하도록 도와줘야 합니다. 그것이 자녀 스스로 통제하며 스마트폰을 사용하는 방법이고, 부모의 현명한 역할을 수행하기 위한 과제입니다.

다들 한두 번씩 경험했겠지만 감시와 통제, 무력으로 자녀의 스마트폰 사용을 관리하는 데는 한계가 있습니다. 당장은 효과가 있는 것 같아도 결국 역효과의 폭풍을 맞습니다.

분노 조절이 힘든 자녀에게 평정심을 선물하는 법

부모가 해결해주는 것만이 능사가 아니다

모든 문제를 양육자가 해결할 수는 없습니다. 자녀의 분노 조절 능력이 상실 단계이고, 가족 갈등이 심각한 경우는 관련 기관이나 전문가의 도움을 받는 것이 빠른 해결법입니다.

분노를 다스리는 다양한 방법

1) 10초의 법칙
'심호흡하면서 숫자 세기'는 다수의 전문가가 권하는 방법입니다. 분노가 치밀 때 1부터 10까지 숫자를 천천히 세어보라고 하세요. 양육자도 함께하면 더욱 좋습니다.

2) 잠시 거리 두기
숫자를 셌는데도 자녀가 진정하지 못할 때가 있습니다. 이럴 땐 화가 나는 상황에서 잠시 벗어나도록 도와줘야 합니다. 집 밖으로 나갈 상황이 아니라면 분노를 촉발한 장소에서 벗어나 기분 전환에 도움을 주는 활동을 하도록 유도합니다. 예를 들면 소화 잘되는 간식 먹기, 음료수 마시기, 요리, 청소, 정리 정돈, 스트레칭, 세수, 음악 감상, 독서 등이 있습니다.

3) 담담하게 반응하기
아이가 갑자기 짜증을 내거나 화를 내면 양육자도 기분이 나빠져 같이 흥분하기 쉽습니다. 그러나 이럴 때는 반드시 평정심을 유지해야 합니다. 차분하고 낮은 목소리로 "네가 진정하고 말할 수 있을 때까지 기다릴게"라고 한 뒤 침묵을 유지하세요. 걱정 어린 눈빛으로 바라보는 건 괜찮습니다. 아이가 진정된 모습으로 말을 걸어올 때까지요.

4) 분노를 적절하게 표현하는 방법 알려주기
화가 나서 악을 쓰는 자녀에게 조용히 말하라고 해봤자 아무 소용이 없습니다. 듣기 싫은 훈계에 불과하니까요. 씩씩거리면서 입을 꼭 다물고 있는 자녀에게 "속으로 삭이면 병 돼! 화가 난 이유를 말해야 엄마가 알지!"라고 다그치는 것도 적절하지 않습니다.
자녀의 감정이 안정적일 때 분노를 행동보다 말로 표현하는 연습을 시키세요. "나 지금 (누구)한테 화났어!", "기분이 매우 나빠!", "화가 너무 많이 나서 물건을 내던지고 싶어, 욕하고 싶어, 다 때려치우고 싶어" 등으로요. 가끔 연습할 때는 적정 수위를 잘 지키던 아이가 실제 상황에선 "화가 나서 다 죽여버리고 싶어! 한 번만 더 그러면 죽여버릴 거야!" 등 거친 표현을 쓰기도 합니다.
이럴 때 양육자는 어떻게 반응해야 좋을까요? 깜짝 놀란 나머지 "그럼 안 되지!"라고 바로 제재하면 분노를 더 활활 키울 뿐입니다. 분노를 누그러뜨리고 마음을 열게 하는 답변은 험악한 말에 숨은 의미를 해석해주는 겁니다.
"다 죽여버리고 싶을 만큼 화가 많이 났구나?"
분노가 습관화된 아이는 분노와 공격적이고 난폭한 행동을 동일시하는 경향이 있습니다. 분노는 감정일 뿐, 효과적인 표현 방법은 따로 있다는 것을 구별하도록 해줘야 폭력과 폭언이 줄어듭니다.

5) 운동으로 발산하기
분노의 감정이 지속될 땐 운동 수준의 산책이나 평소 즐기는 운동을 하도록 도와주세요. 운동은 분노 에너지를 건강하게 발산시켜 감정 조절 능력을 향상시키는 효과가 있습니다. 운동을 시키고 싶어도 아이가 거부할 땐 앞에서 소개한 '선택 A와 B의 기술'을 활용하면 효과적입니다.

디지털 생태계를 아는 부모가 '양육 고수'다

스마트폰은 상용화된 지 불과 10년 만에 사람들의 삶 깊숙한 곳까지 파고들었습니다. 어떨 때는 '스마트폰이 우리 인간의 생활을 장악했다'라는 표현이 딱 맞을 정도로 없으면 불편하고 안절부절못합니다. 누군가는 '생활이 마비됐다'고까지 말할 정도입니다. 거기에 한술 더 떠서 신형 스마트폰이 경쟁적으로 쏟아져 나옵니다. 수시로 알아서 똑똑하게 기능도 업그레이드하고요. 이런 환경에 놓인 사용자는 초고속으로 진화하는 스마트폰의 변화를 따라가는 것만으로도 벅찹니다.

그러다 보니 하루가 멀다 하고 디지털 기기를 무분별하게 사용해서 생기는 각종 사회, 윤리 문제부터 심각한 사이버 범죄가 발생합니다.

관찰자의 시선으로 디지털 미디어 플랫폼을 가만히 들여다보세요. 마치 토네이도를 보는 듯합니다. 생활에 유익한 진짜 정보 한

편에서는 가짜 뉴스, 가짜 정보가 판을 치죠. 유튜브에는 재미있고 유익한 동영상 못지않게 유해한 영상이 넘쳐납니다. 사이버 범죄는 이미 도를 넘었습니다. 얼마 전 대한민국에 큰 파문을 일으킨 'n번방 사건', 기억하죠? 미성년자를 협박해 성 착취 동영상을 찍고 유포 및 공유한 신종 디지털 성범죄였습니다. 이 밖에도 사이버 불링(cyber bullying, 사이버 따돌림)과 관련된 각종 사건까지, 미처 생각하지 못한 폐해가 너무 많아 중심을 잡기가 힘들 정도입니다. 디지털 문명사회를 사는 우리 모두 마찬가지죠.

부모와 자녀 모두에게 유익한
'디지털 양육의 기술'이란?

혹시 '디지털 리터러시(digital literacy)'라는 용어를 들어보셨나요? '디지털 리터러시'는 디지털 시대에 필수로 요구되는 정보를 이해하고 표현 능력을 갖추며, 디지털 기기를 활용해 원하는 작업을 하고 필요한 정보를 얻을 수 있는 지식과 능력입니다. 1997년 폴 길스터(Paul Gilster)가 《디지털 리터러시》라는 책을 내면서 이 용어가 널리 쓰였습니다. 당시에는 디지털 기기를 올바로 사용하는 능력을 디지털 리터러시라고 정의했지만 최근에는 디지털 기술을 대하는 바른 태도와 건강한 마인드 기르기, 창의적인 문제 해결 능력 향상, 디지털 역량 강화까지 개념이 발전·확장되고 있습니다.

반면에 디지털 리터러시 교육에 대한 현장 반응이 아직은 "아, 그거요?"보다는 "그게 뭔가요?"입니다. 제 강의 경험상으로는 그렇습니다. 잘 모르니까 부모도, 자녀도 디지털 리터러시 능력을 갖춘 예가 드물었습니다. 매일 스마트폰을 사용하면서도 우리가 어떤 특성을 지닌 기술과 기기에 의존하는지, 어떤 태도와 마인드로 사용하는지, 적절하게 활용하는지조차 자각하지 못하는 경우가 많았죠.

스마트폰의 역사와 발전 속도를 생각하면 그럴 만도 합니다. 강의장에 모인 학생들에게 "최초의 스마트폰 하면 뭐가 떠오르나요?"라고 물었습니다. 대다수가 "아이폰(iPhone)이요!"라고 외치더군요.

세계 최초의 스마트폰은 IBM과 벨사우스(Bellsouth)가 공동 개발해 1993년에 출시한 IBM 사이먼인데 말이죠. 스마트폰의 대중화를 이룬 것이 애플의 아이폰이고요.

어느 학부모는 이렇게 하소연했습니다.

"선생님, 세상이 너무 빠르게 변해서 아이 키우기가 정말 힘드네요. 우리 어릴 때랑 달라도 너무 달라요. 알아야 할 것도 너무 많고요."

맞습니다. 힘들고 고민스러운 게 당연합니다. 태생과 자란 환경 자체가 다른 디지털 원주민과 디지털 이주민이 함께 사니까요.

사실 저도 디지털 문명이 버겁습니다. 다가올 미래 사회는 4차

산업혁명 시대라는데, 경험해본 세상이 아니라서 막연하고요. 매일 쏟아져 나오는 디지털 관련 용어와 새로운 지식은 외워도 외워도 자꾸 잊어버립니다. 새로운 디지털 기술이 나오면 적응 시간이 오래 걸려 디지털 원주민 아들에게 '옛날 사람'이라는 핀잔을 듣기 일 쑤입니다.

유능한 전문 강사의 위치를 지키는 건 더 어렵습니다. 한 예로 코로나19 사태가 발생하자 대면 강의가 줄줄이 취소되거나 줄었어요. 반대로 비대면 실시간 화상 강의와 녹화 강의 의뢰는 많아졌고요. 2000년부터 강단에 섰어도 비대면 강의는 또 다른 세계인지라 며칠 밤을 새워가면서 강의법을 터득했습니다. 새로운 강의 방식에 익숙해지기까지 연습과 훈련을 거듭했고요. 이런 필사의 노력을 하지 않으면 변화 속도를 도저히 따라잡을 수 없습니다. 디지털 네이티브와 소통이 되지 않는 건 물론이고 '한물간 강사'라는 소리를 듣기 십상이죠.

양육자도 마찬가지입니다. 미래 사회에는 지금보다 더 많은 기능과 첨단 기술을 적용한 스마트폰이 나올 겁니다. 지금보다 사용 비중은 더 높아질 테고요. 그런데 여전히 자녀의 스마트폰 사용 시간이 '길다, 짧다' 또는 학습에 방해가 되니 '압수하느냐, 마느냐'에 집중해 허용과 제한을 반복하는 것은 새로운 시대적 흐름에 역행하는 양육법이 아닐까요?

이보다는 자녀가 디지털 세상에서 잘 지낼 수 있도록 관련 능력을 키워주고 주도적 사용자가 될 수 있게 돕는 것, 더 나아가 함께 어우러지는 디지털 문명 시대를 열어가는 것이 중요합니다. 이게 바로 부모와 자녀 모두에게 유익한 '디지털 양육의 기술'입니다.

디지털 양육을 잘하려면

지금부터는 디지털 양육을 어떻게 하면 좋을지 안내하겠습니다.

관심이 없어도, 골치가 아파도 양육자가 아이보다 먼저 디지털 리터러시를 알고 배우려는 노력을 해야 합니다. 대표적인 예로 '유튜브 리터러시'를 들어보겠습니다. 부모는 몰라도 Z세대 자녀는 다 아는 유튜브 크리에이터(creator) '대도서관'이 2018년 4월 10일 CBS 〈시사자키 정관용입니다〉에 출연해 이런 말을 했습니다.

"어른들이 미디어 리터러시 교육이 전혀 안 되어 있기 때문에 어떻게 교육할지 모르는 거예요. 그러니까 가정에서 아이가 그 영상을 봐도 되는지, 안 되는지 판단할 수 없는 것이고요."

2019년 3월에 발행한 〈포브스〉 기사에서도 '모모 챌린지(Momo Challenge)' 사례를 통해 강조했습니다. 자녀에게 디지털 환경의 위험에 대해 교육하기 전에 부모가 자신을 먼저 교육해야 한다고요.[08] 모모 챌린지는 왓츠 앱(Whats App)을 통해 연락하면 공포 캐릭터

'모모'가 자신이 시키는 대로 행동할 것을 주문하는 소셜 미디어 기반 게임입니다. 아동과 10대 청소년이 주 이용자인데, 미션 수행 과정에 문제가 아주 많습니다. 모모 챌린지에 참가하다 중도에 미션을 거부하거나 무시하면 직접 찾아가 해치겠다고 협박하고 비밀 유지를 강요합니다. 아이들의 불안정한 심리를 악용하는 거죠. 그리고 대화를 주고받는 과정에서 도전 과제는 점점 폭력적으로 변질됩니다. 친구에게 위협을 가하거나 위험한 행동을 종용하면서요. 과제를 마치면 인증 사진을 보내라고 요구하는데, 최종 미션은 자살 또는 자해입니다.

유튜브에서 '모모' 또는 '모모 챌린지'를 검색하면 이러한 미션을 수행하는 과정을 담은 동영상이 수천여 개에 달합니다. 이를 무심코 본 어린 자녀가 무서워서 울고불고 난리가 났다는 학부모의 고민 상담을 받기도 했습니다. 자녀의 유튜브 사용에 관련한 부모 대상 강연 때 이 사례를 공유했더니 충격적이라는 반응과 함께 이런 말씀을 하셨습니다.

"정말 무서운 세상이네요. 아이에게 절대 검색하지도, 보지도 말라고 해야겠어요."

"아이가 유튜브를 즐겨 보는데, 당분간은 금지해야 할까요?"

"유튜브 알고리즘(algorism)이 문제인 것 같아요. 얼마 전에 저희 아이가 야한 영상을 보고 있어서 깜짝 놀랐는데, 추천 콘텐츠를 계속 따라가다 보니까 그랬다 하더라고요."

틀린 말은 아닙니다. 그런데 실효성 있는 대책도 아니에요. 현실이 반영되지 않았기 때문입니다. 반드시 모모 챌린지가 아니더라도 유튜브에는 나쁜 채널과 유해 콘텐츠가 범람합니다. 일명 '댄스방'과 '벗방'을 비롯해 '욕 배틀 방송', '음란쇼', '자살 중계', '혐오와 차별 표현물', '막장 인터넷 개인 방송', '범죄 기술 안내', '가짜 뉴스' 등 이루 다 말하기 힘들 정도로요. 이를 두고 학부모와 아동 전문가는 미성년 자녀를 위협하는 폭력적인 유해 게시물을 분리·차단해야 한다고 목소리를 높입니다. 맞는 말이지만 문제는 실현 가능성입니다. 이제 유튜브는 단순한 비디오 공유 플랫폼이 아니거든요. 매월 전 세계 유튜브 이용자가 19억 명에 달하고, 없는 콘텐츠가 없다고 해서 '갓튜브'라고 불립니다. 이 책을 읽고 있는 순간에도 1분당 400시간 분량의 동영상이 업로드되고 있어요. 구글의 투명성 보고서에 따르면 가이드라인을 위반한 콘텐츠를 즉각적으로 삭제 또는 비공개 처리하는 건수가 하루 9만 건 이상이라고 합니다. 즉 유튜브 측에서도 유해 콘텐츠를 막기 위해 노력한다는 말이죠. 유해 콘텐츠는 수익을 창출하지 못하도록 하는 광고 정책을 시행하고 반복 위반 시 사용자 계정을 해지하는 등 추가 조치도 취하고 있습니다. 문제는 이런 자구책이 나쁜 콘텐츠가 업로드되는 속도를 따라가지 못한다는 것이죠.

'보지 마!'가 아니라
'어떻게?'로 반응하기

앞에서 살펴본 모모 챌린지의 사례로 돌아가보겠습니다. 모모 챌린지라는 끔찍한 공포 자살 게임이 있다는 걸 알았을 때, 양육자가 보여야 할 적절한 반응은 "보면 안 돼!"가 아닙니다. 자녀가 비판적 사고로 모모 챌린지의 유해성을 판단하도록 도와주는 것이죠. '유튜브 시청 금지'는 단기 처방일 뿐, 장기적 대책이 아니라는 뜻입니다. 손바닥으로 하늘을 가리는 형국이죠. 시간이 걸리더라도 하늘을 제대로 보는 능력을 키워줘야 합니다. 즉 자녀의 유튜브 시청을 막는 것보다 관심 가는 동영상의 옳고 그름을 분별하는 판단력과 자제력, 창의적 문제 해결력을 길러줘야 하죠. 그러려면 양육자가 아이에게 다음과 같은 질문을 던지고 대화를 나눌 수 있어야 합니다.

"요즘 유튜브에서 주로 어떤 영상을 보니?"
"구독하는 기준은 뭐야?"
(유튜버가 꿈인 자녀에게) "만약 유튜버가 된다면 어떤 콘텐츠를 만들고 싶어?"
"성공한 유튜버가 되려면 뭐가 필요한지 함께 알아볼까?"
(유해 콘텐츠를 접한 자녀에게) "그 영상을 볼 때 어떤 기분이 들었

니? (답변이 무엇이든 간에 그 마음을 수용해주고) 그랬구나, 그런 기분이 들 수도 있었겠다. 그런데 그 영상에서 안 좋은 점은 뭐라고 생각해? (의견을 나눈 후) 맞아, 그래서 엄마 생각엔 이런 방법을 취하면 좋을 것 같은데, 네 생각은 어떠니?"

양육자가 보기에 자녀가 마냥 철없는 것 같아도 속내를 들어보면 나름 생각이 있고 자기만의 기준도 있습니다. 제가 상담한 청소년들만 봐도 그렇습니다. 모두 중심을 잃고 '갓튜브'에 푹 빠져 있는 건 아니에요. 구독 중인 채널이 혐오 콘텐츠로 변질되면 과감히 구독을 끊습니다. 내 취향을 나보다 더 잘 아는 것 같은 유튜브 알고리즘에 경계심을 갖기도 하고요.

이럴 때 부모는 자녀에게 유튜브 알고리즘을 초기화하는 간단한 방법, 즉 유튜브 앱 상단 오른쪽에 있는 본인 계정 아이콘을 누르고 '설정'에 들어가 '시청 기록 지우기' 버튼 누르는 법을 알려주면 됩니다. 보다 근본적으로는 디지털 리터러시 능력을 길러주는 것이 가장 좋고요. 그러기 위해서는 양육자가 아이보다 먼저 디지털 리터러시 개념과 교육적인 팁을 알아두어야 합니다.

부모와 자녀가 함께 디지털 리터러시 역량 키우기

1. 자녀가 좋아하고 주로 시청하는 동영상을 공유합니다(함께 시청하면 더욱 좋지만 초등학교 고학년 이상 자녀는 싫어하거나 부담스러워할 수 있습니다).

2. 정보 출처, 정보 제공자의 전문성 여부, 정보가 업로드된 시점, 개인 정보 노출 여부 등을 중심으로 이야기를 나눕니다.

3. 유해 콘텐츠에 대한 대처법을 함께 모색합니다(예: 유해 콘텐츠 선별 기준 정하기, 설정 기능을 활용해 유해 콘텐츠 미리 차단하기, 1일 콘텐츠 이용 시간에 대한 규칙 정하기 등).

4. 자녀가 인스타그램, 페이스북, 트위터 같은 SNS에 가입되어 있다면 소셜 미디어의 장단점과 개선 방안을 함께 생각해봅니다.

5. 자녀의 SNS 프로필과 업로드된 사진을 예로 들어 디지털 공간에서 사소한 개인 정보라도 노출되면 위험하다는 점을 확실하게 인지시킵니다.

07 포노 사피엔스 자녀에게 걸맞은 스마트한 부모

알고 싶다,
스마트한 부모의 조건!

스마트한 부모 되기. 인터넷·스마트폰 관련 부모 교육 때 주로 쓰는 교육명입니다. 스마트한 부모란 쉽게 말해 '포노 사피엔스 자녀랑 잘 통(通)하는 양육자'로, 다음에 단계별로 소개한 '3통' 중 하나라도 갖춰야 스마트한 부모라고 할 수 있습니다. 어떤 '통'이 있는지 살펴볼까요?

1단계, '1통'은 '말이 잘 통하다'입니다. 포노 사피엔스 자녀와 소통을 잘하려면 평소 자녀가 좋아하고 잘하는 콘텐츠가 무엇인지, 어떻게 사용하는지 대략 알고 있어야 합니다. 전혀 모를 경우 이런 상황을 맞이할 수 있습니다.

'리그오브레전드' 게임을 하는 아들에게 엄마가 물었습니다.

"아들, 뭐 하고 있어?"

"롤!"

"롤? 그게 뭔데?"

"…." (일일이 설명해주기 귀찮아서 침묵)

소통은커녕 불통의 싸한 분위기가 느껴지죠?

2단계, '2통'은 '지식이 잘 통하다'입니다. 부모는 자녀가 집중하는 콘텐츠의 좋은 점과 해로운 점, 바른 사용법 등과 같은 지식을 알려줄 수 있어야 하죠.

3단계, '3통'은 '능력이 잘 통하다'입니다. 부모의 지도 능력이 자녀의 스마트폰 활용 능력을 끌어올리는 것을 의미합니다. 이 단계에 이르면 스마트폰은 더 이상 학습 방해물이 아닙니다. 자녀의 미래와 진로 설계, 학습에 도움이 되는 '꿈폰'이죠.

생각보다 녹록지 않죠? 단계가 올라갈수록 '통'의 수준도 높아지니까요. 스마트한 부모가 되는 길이 멀고도 험하다고 느껴질 때, 미국의 목사 마틴 루서 킹(Martin Luther King Jr)의 명언을 되새겨보면 어떨까요?

"신념을 가지고 한 발을 내디뎌라. 계단 전체를 볼 필요는 없다. 그냥 한 걸음씩 나아가라."

1단계인 '1통'부터 시작하면 됩니다. 시도하는 것 자체가 곧 스마트한 부모라는 뜻이거든요.

부모와 자녀의 이상이몽, 스마트한 부모란?

관점과 관련된 재미난 테스트입니다. 아래 그림이 무엇으로 보이나요?

이리저리 봐도 오리, 토끼, 새, 다람쥐, 펭귄, 기타 작은 동물로 보인다고요? 모두 정답입니다. 어디에 시선을 두느냐에 따라 그림이 달리 보이거든요.

'부모상(像)'도 마찬가지입니다. 부모와 자녀의 생각이 각각 다른 만큼 '좋은 부모상' 또한 다양합니다.

여성가족부가 2016년에 실시한 '아이가 바라는, 부모가 말하는 좋은 부모' 설문 조사 결과에서도 부모와 자녀의 생각 차이를 알 수 있습니다. 부모 1,000명과 초등학교 고학년 635명에게 '어떤 부모가 좋은 부모일까?'라고 물었어요.

부모와 자녀의 답변이 일치한 1순위는 "아이의 말을 잘 들어주고 대화를 많이 하는 부모"였습니다(스마트한 부모의 요건 중에서는 '1통'에 해당되네요).

답변 2순위부터는 부모와 자녀의 생각이 달랐는데, 다음 도표에서 확인해볼까요?

부모가 생각하는 좋은 부모

항목	순위	비율
아이의 말을 잘 들어주고 대화를 많이 하는 부모	1순위	46.4%
남과 비교하지 않고 자녀를 있는 그대로 받아들이는 부모	2순위	9.2%
지속적으로 아이에게 관심을 갖는 부모	3순위	7.5%
스스로 생각할 수 있는 자립심 강한 아이로 키우는 부모		7.5%
함께 많은 시간을 보내는 부모(책 읽기, 놀아주기, 여행하기 등)		6.7%
아이의 입장에서 이해하고 존중하는 부모		6.1%
말보다 행동으로 솔선수범하려고 노력하는 부모		6.0%
애정 표현을 많이 하는 부모(뽀뽀, 안아주기, 사랑한다고 말하기 등)		3.5%
아낌없이 격려하고 칭찬해주는 부모		3.3%
아이와 한 약속은 꼭 지키는 부모		1.4%
아이가 하고 싶은 일을 마음껏 할 수 있도록 경제적 지원을 아끼지 않는 부모		1.3%
감정적으로 아이를 다그치거나 화내지 않는 부모		1.1%

아이가 생각하는 좋은 부모

아이의 말을 잘 들어주고 대화를 많이 하는 부모
1순위
23.6%

함께 많은 시간을 보내는 부모(책 읽기, 놀아주기, 여행하기 등)
2순위
16.1%

남과 비교하지 않고 자녀를 있는 그대로 받아들이는 부모
3순위
13.7%

아이의 입장에서 이해하고 존중하는 부모
10.4%

아이가 하고 싶은 일을 마음껏 할 수 있도록 경제적 지원을 아끼지 않는 부모
6.5%

아낌없이 격려하고 칭찬해주는 부모
5.7%

감정적으로 아이를 다그치거나 화내지 않는 부모
5.7%

아이와 한 약속은 꼭 지키는 부모
5.5%

애정 표현을 많이 하는 부모(뽀뽀, 안아주기, 사랑한다고 말하기 등)
4.1%

지속적으로 아이에게 관심을 갖는 부모
3.8%

스스로 생각할 수 있는 자립심 강한 아이로 키우는 부모
3.0%

말보다 행동으로 솔선수범하려고 노력하는 부모
0.9%

기타
0.9%

무응답
0.1%

출처-여성가족부, '아이가 바라는, 부모가 말하는 좋은 부모' 설문 조사(2016년 결과 자료)

부모와 자녀의 생각이 같은 듯 다르죠? 제가 강의 현장에서 만난 아이들 752명에게 물어본 '스마트한 부모의 요건'도 앞의 설문 조사 결과와 별반 다르지 않았어요. 차이가 있다면 함께 많은 시간을 보내고 애정 표현을 많이 해주기보다는 스마트폰을 마음껏 하게 해주는 부모를 바랐습니다. 부모 358명은 앞에서 소개한 '좋은 부모'와 '3통'의 요건을 스마트한 부모라고 생각했고요.

이처럼 부모와 자녀가 '이상이몽'일 때, 부모 유형과 양육 태도 등과 같은 자가 진단 테스트를 해보면 좋습니다. 효과적인 양육법을 알게 되고, 부모로서 나를 되돌아보는 계기가 되거든요.

'문쌤의 똑똑! 현장 노트'에 스마트한 부모와 관련된 테스트 2개를 준비해봤습니다. 미리 당부드리자면 이것은 '스마트한 부모다, 아니다'를 결정짓는 테스트가 아닙니다. 디지털 양육을 잘하기 위한 참고 자료죠. 이 점을 유념하고 테스트에 임하시길 바랍니다.

나의 부모 유형을 알고 나니 길이 보인다

A. 나의 부모 유형 테스트

테스트 방법 다음에 제시한 9개 문항을 읽고 해당하는 번호에 체크해보세요. 가장 많이 체크한 번호가 객관적인 나의 '부모 유형'입니다.

1. 자녀가 연령대에 맞지 않는 스마트폰 게임을 하고 있다면?

① 하도록 내버려둔다.

② 당장 스마트폰을 압수하고 혼낸다.

③ 일단 어떤 게임인지 알아본 다음 아이랑 협의해 어떻게 하면 좋은지 결정한다.

2. 눈 뜨고 보기 어려울 정도로 자녀의 방이 어지럽다면?

① 아무 말 없이 치워주거나 상관하지 않는다.

② 당장 치우라고 잔소리 또는 명령하거나 나무란다.

③ 자녀 스스로 치우게끔 유도하거나 의견을 물어서 함께 치운다.

3. 자녀가 약속한 스마트폰 사용 시간을 어긴 후 거짓말을 한다면?

① 모르는 척 넘어가거나 봐준다.

② 야단친 뒤 스마트폰을 압수하고 당분간 못 쓰게 한다.

③ 미리 정한 스마트폰 사용 규칙이 있다면 적용하고, 없다면 이번 경우를 계기로 삼아 합당한 스마트폰 사용 규칙을 만든다.

4. 자녀가 누군가와 싸우고 흥분한 상태로 들어왔다면?

① "괜찮아! 애들은 싸우면서 크는 거야"라는 반응을 보이고 그냥 내버려두거나 아이를 두둔한다.

② 혼내거나 처벌한다.

③ 자녀의 감정을 수용해주고 난 뒤 싸운 이유를 물어본다. 상황이 파악되면 그에 맞는 수습책을 자녀와 함께 모색한다.

5. 자녀가 핑계를 대면서 유치원 또는 학교에 가지 않겠다고 버티면?

① 못 이기는 척하거나 자녀를 설득하지 못해 결국 허락한다.

② 화를 내면서 강압적으로 보낸다.

③ 가기 싫은 진짜 이유를 헤아린 뒤 그에 맞는 해결책을 찾아 실천을 돕는다.

6. 가정 내에서 자녀가 지켜야 할 스마트폰 사용 규칙의 개수는?

① 없거나 있어도 소용없는 규칙이다.

② 부모가 정한 여러 규칙이 있고, 지키지 않으면 벌을 받는다.

③ 민주적 협의를 거쳐 만든 규칙 몇 가지가 있으며, 상황에 따라 얼마든 수정과 보완이 가능하다.

7. 스마트폰을 하느라 잠잘 시간을 넘긴 자녀가 부모의 말을 무시하고 따르지 않는다면?

① 아이라서 그러려니 하거나 따르게 할 방법을 몰라서 내버려둔다.

② 꾸중, 잔소리, 처벌을 한다.

③ 미리 정한 스마트폰 사용 규칙이 있다면 적용하고, 없다면 관련 스마트폰 사용 규칙을 만들어서 따르게 한다.

8. 스마트 기기가 필요 없는데도 자녀가 사달라고 매일 조른다면?

① 귀찮거나 감당이 안 되어 사주고 본다.

② 무시, 거절하거나 화를 낸다.

③ 아직은 허락할 수 없는 이유를 아이 수준에 맞춰서 합리적으로 설명한다.

9. 얼마나 자주 자녀에게 잔소리와 훈계를 하는가?

① 거의 하지 않는다.

② 매일같이 한다.

③ 부모도 감정이 있는 인간이니 가끔 한다.

＊간이 테스트와 결과는 아동 발달 전문가/임상 심리학자 다이애나 바움린드(Diana Baumrind)의 '부모의 양육 태도 유형에 관한 이론'과 연구 결과를 토대로 저자가 응용해서 만든 것입니다. 전적으로 신뢰하기보다는 참고 자료로 활용하세요.

결 과	해 석
1번 허용적 부모 유형	무조건적인 허용과 자율적 훈육 방식으로 자녀가 제멋대로 행동하도록 내버려둡니다. 적절한 양육에 무관심하기 때문에 가정 내 질서와 규율이 없고 통제와 처벌 또한 하지 않습니다. 방임적인 양육 환경에서 자란 자녀는 불안정한 정서를 지니며 의존적입니다. 자기중심적 행동에 대한 올바른 판단력이 떨어지기 때문에 원만한 대인 관계가 힘들고 문제 해결 능력 수준이 낮습니다. 원칙과 질서를 지키는 법을 배우지 못했기 때문에 규칙 준수가 힘들고 책임감이 부족합니다. 때로는 충동적이고 공격적일 때도 있으며 자기통제력이 부족합니다.
2번 독재적 부모 유형	양육 스타일이 엄격하고 권위주의적입니다. 독단적으로 정한 규칙을 자녀가 따르도록 강요하고 통제합니다. 자녀 양육 시 간섭, 감독, 처벌은 잘하지만 칭찬과 격려 등의 지지적 표현에는 인색하고 애정도 부족합니다. 자녀가 잘못했을 때 합리적인 설명보다는 지시, 명령, 훈계의 언어를 자주 사용합니다. 이런 환경에서 자란 자녀는 자존감이 낮고 스트레스에 취약합니다. 또 예의 바르고 순종적이지만 자율성이 결여되어 있으며 포기가 빠릅니다. 아동일 때는 명령을 따르는 척하다가 청소년기가 되면 그동안 부모에게 쌓인 반감을 폭발시켜 공격적 성향을 보이는 경우도 있습니다. 타인에 대한 배려가 부족해 또래 관계가 안정적이지 못하고 불안한 상호작용을 보입니다.
3번 민주적/ 권위 있는 부모 유형	가장 바람직한 유형으로 자녀의 의견과 감정을 존중해주고 민주적인 대화 방식과 경청을 통해 갈등과 문제를 풀어나갑니다. 높은 수준의 정서적 반응과 통제력을 발휘해 자녀 스스로 합리적인 판단과 결정을 하도록 도와줍니다. 결과적으로 자녀의 자기통제력과 문제 해결력을 길러줍니다. 적절한 훈육법을 알고 있으며 칭찬과 격려를 통해 자녀의 잠재 능력을 이끌어냅니다. 이런 안정적인 양육 환경에서 자란 자녀는 긍정적인 자아상을 지니고 있으며 자존감이 높습니다. 기본적으로 존중과 배려의 태도가 학습되어 있기 때문에 사회성이 좋은 편이며 공동체 생활도 잘해나갑니다. 발랄하고 열의가 있으며 독립적입니다.

B. 자녀의 스마트폰을 대하는 나(부모)의 관리 유형은?

테스트 방법 다음 제시된 관리 유형 중 나(부모)는 어디에 해당되는지 체크해보세요.

번호	관리 유형	속한다
A형	스마트폰 사용 시간이 길고 짧은지와 불건전한 콘텐츠 사용 여부에만 신경을 쓴다.	
B형	스마트폰 사용에 따른 부작용이 발생하면 사용 시간 제한, 단말기 압수, 통신 서비스 해지 등의 강제적 방법을 쓴다.	
C형	있는지조차 몰랐던 스마트폰 관리 앱과 기타 유용한 앱 활용에 대한 지도 방법을 안내받아도 결국엔 스마트 기기 사용이 서투르고 관련 앱에 대한 지식 부족으로 활용하지 못한다.	
D형	쓸모 있는 스마트폰 관리 앱을 이용해 자녀의 스마트 기기 사용을 효과적으로 컨트롤하고 관리한다.	
E형	스마트폰이 자녀의 학습, 진로, 미래 설계에 긍정적으로 사용될 수 있는 활용 방법을 알고 있으며 지도가 가능하다.	
F형	자녀가 스마트 기기로 무엇을 주로 하고 잘하는지 알고 있으며 이와 관련된 대화가 잘 통한다.	
G형	자녀가 집중하고 있는 콘텐츠의 좋은 기능과 부작용은 물론 건강한 사용 방법까지 알려줄 수 있다.	

＊간이 테스트와 결과는 인터넷·스마트폰 관련 부모 교육 현장에서 만난 부모님들의 유형 분석과 KBS 방송문화연구소 '자녀의 스마트폰 사용에 대한 학부모들의 대처 실태' 조사 발표 자료(2014.10.18)를 토대로 저자가 만든 것입니다. 전적으로 신뢰하기보다는 참고 자료로 활용하세요.

결과　　A·B·C 유형에 속하면 스마트한 부모가 되기 위한 노력이 필요합니다. D·E·F·G 유형에 속하면 이미 스마트한 부모입니다. 모든 유형이 섞여 있다면 A·B·C 유형은 버리고 D·E·F·G 유형은 살리면 되겠죠?

스마트한 부모가 되는 길, 이 책 속에 가득 있습니다!

슬기로운
스마트폰
사 용 법

둘

위기의 '유저'에서
기회의 '위너'로

양날의 검과 같은 스마트폰. 어떻게 사용하느냐에 따라 삶의 위기를 맞기도 하고, 성공의 기회를 잡을 수도 있습니다. 자녀가 스마트폰을 위태롭게 사용한다 싶을 때, 부모는 어떻게 자녀를 도와주면 좋을까요? 부작용을 최소화하기 위해 자녀의 단점을 보완하고 장점을 살리는 방법은 무엇일까요?

01 스마트폰과 늦게 만나면 만날수록 좋은 아이들

스마트폰에 빠지기 쉬운
성격 유형이 따로 있을까?

"스마트폰 사용 시간을 1시간으로 정해놓으면 뭐 하나요? 아이가 지키질 않는데요."

(11세 딸을 둔 엄마)

"큰애가 늘 스마트폰을 끼고 살아요. 동생도 형을 따라 하고요."

(14세, 12세 형제를 둔 부모)

"아이가 새벽에 몰폰(몰래 휴대폰 하기)하다가 저한테 걸렸어요. 엄청나게 혼내고 스마트폰을 압수했는데, 반성은커녕 언제 돌려주냐고 성화예요."

(10세 아들을 둔 엄마)

"저희 애가 지고는 못 사는 성격이에요. 승부욕과 경쟁심이 강하거든요. 뭐든 이겨야 직성이 풀리는데, 그게 공부면 얼마나 좋을까요? 하필 게임에 열중해 요즘 저랑 아이랑 맨날 싸워요. 스마트폰 사용 시간이 점점 늘고 있거든요. 얼마 전엔 저 몰래 현질까지 했더라고요."

(13세 아들을 둔 엄마)

"가족회의로 정한 스마트폰 사용 규칙을 자기 맘대로 어겨요. 거짓말도 슬슬 하고요."

(15세 딸을 둔 부모)

'우리 아이 스마트폰 사용, 어떻게 하면 좋을까?'라는 강연을 할 때 받은 질문들입니다. 대비책을 마련해놓지 않고 자녀에게 첫 스마트폰을 사줬을 때 흔히 벌어지는 상황이죠. 부모가 제대로 관리하지 못한 탓이라고 생각하면 안 됩니다. 스마트폰 과의존이 되기 쉬운 성격, 성향, 기질이 있거든요.

만약 자녀에게 다음과 같은 성격, 성향, 기질이 있다면 첫 스마트폰 사용 시기를 최대한 늦출수록 좋습니다.

- 자기통제 능력이 매우 부족한 아이
- 약속을 자주 어기거나 번복하는 아이
- 불규칙한 생활 습관이 몸에 밴 아이
- 혼자 있는 동안 뭘 할지 모르는 아이
- 위험 추구 성향이 높은 아이
- 승부욕과 경쟁심이 높은 아이

- 충동적이고 주의가 산만한 아이
- 감정 조절이 힘든 아이

이런 유형의 아이들이 유독 스마트폰에 잘 빠지는 이유를 관련 사례를 통해 더 자세히 알아보겠습니다.

학원을 마치고 집으로 가는 길, G(13세, 남)는 스마트폰으로 모바일 동영상을 보면서 계단을 내려가다가 발을 헛디뎠습니다. 몸이 크게 휘청거리는 순간 든 생각은 '스마트폰이 깨지면 안 돼!'였고요. 붕 뜬 몸이 바닥에 닿을 때까지 스마트폰을 보호한 덕분에 스마트폰만 무사했습니다. G는 팔꿈치와 무릎이 까지고 다리엔 깁스까지 하는 부상을 입었죠.

물론 이런 위험천만한 상황이 일어난 이유가 오로지 스마트폰에 대한 애정만은 아닙니다. 두려움도 작용했어요. 산 지 5일밖에 안 된 고가 폰이었는데, G의 아빠가 굉장히 무서운 분이었거든요. 하지만 여기서 더 주의 깊게 살펴봐야 할 대목은 바로 '스마트폰을 보면서 계단을 내려왔다'는 겁니다. 스마트폰이 너무 하고 싶어도 보행 중에는 잠시 멈추는 능력, 즉 '자기통제력'이 없었던 거죠.

슬기로운 스마트폰 생활

스마트폰의 유혹에
끄떡없는 아이들에게 '있는 것'

스마트폰 사용 조절에서 자기통제력 여부는 아주 중요합니다. 자녀가 스마트폰을 사용할 시기가 다가오면 기종보다 자기통제력 여부를 먼저 챙겨야 뒤탈이 적습니다. 자기통제력이 없거나 부족한 아이는 보통 하위개념인 '만족 지연 능력' 또한 부족합니다. 만족 지연 능력이란 '더 큰 결과를 얻기 위해 즉각적인 즐거움, 보상, 욕구를 자발적으로 억제하면서 욕구 충족 지연에 따른 좌절감을 인내하는 능력'을 말합니다.[09] 현재보다 더 나은 미래를 위해 당장의 즐거움과 욕구를 자제하는 능력은 아이들에게 꼭 필요하죠.

널리 알려진 '마시멜로 실험'이 이를 입증합니다. 미국의 심리학자 월터 미셸(Walter Mischel) 교수가 4세 아이들을 대상으로 흥미로운 실험을 했어요. 아이들에게 마시멜로 하나를 준 다음 먹지 않고 15분간 기다리면 2개를 주겠다고 했을 때, 유혹을 뿌리치고 참아낸 아이와 그렇지 않은 아이가 훗날 어떻게 다른 삶을 사는지 알아본 실험이었죠. 수십 년간 추적 관찰한 끝에 나온 결과는 의미심장했습니다. 당시 잘 참아낸 아이들이 대체로 우수한 학업 성적과 높은 교육 수준을 보여주었고, 건강한 체형을 유지하며 더 나은 직업에 종사한 것으로 확인되었거든요.

상담 현장에서 느끼는 안타까운 현실은 요즘 아이들의 자기통제력 수치가 점점 낮아지고 있다는 겁니다. 스마트폰의 즉각적인 보상에 익숙해져서 그렇습니다. 이런 경우, 아이의 충동성은 높아지는데 만족 지연 능력은 떨어져 자기통제력을 요구하는 과제를 쉽게 포기해버립니다.

자녀의 성격이 스마트폰 사용 시간을 조절하기 힘든 유형에 속한다면 자기통제력과 만족 지연 능력부터 향상시켜주세요. 여러 연구 결과에 따르면 자기통제력뿐 아니라 약속을 어기고 변명하는 습관, 불규칙한 생활 태도, 충동적 감정 조절의 어려움, 위험 추구 성향, 부족한 주의력과 경직된 사고력 모두 꾸준한 노력으로 개선 가능하다고 합니다.

자녀에게 스마트폰 사용을 허락할 때가 왔다고 판단되면 성격상의 단점을 장점으로 바꾸는 훈련을 병행하면 더욱 좋고요. 그러다 보면 완벽하지는 않아도 멋지고 바르게 성장하는 자녀의 모습을 볼 수 있을 것입니다.

02

'사이버 왕따' 말고 '인싸(insider)' 되기

10년 전에도, 지금도 저는 학부모 대상 강의를 할 때마다 이렇게 물어봅니다.

"자녀에게 첫 스마트폰을 사줄 때 어떤 걱정을 하셨어요?"

변하지 않는 답변이 스마트폰 과의존과 왕따입니다. 스마트폰 때문에 공부를 안 할 것 같다는 답변도 제법 있었고요.

그럼 이 세 가지 답변 중 많은 부모들이 해결하기 가장 어려워하는 건 뭘까요? 바로 '왕따'입니다. 스마트폰 과의존과 학습 문제는 부모와 자녀가 합심해서 노력하면 해결의 실마리가 보이지만 왕따는 다릅니다. 자녀 개인과 또래 집단의 관계 문제라서 부모의 개입에 한계가 있고, 자칫 잘못 대처하면 상황을 더 악화시키거든요. 제가 상담한 E(16세, 남)의 사례처럼요.

E가 중2 때 일입니다. 등교와 동시에 스마트폰을 제출하고 종례 후 찾아가는 것이 학급 규칙이었는데, 두 친구가 공기계를 내는 잔꾀를 썼나 봐요. 쉬는 시간에 몰래 하고 싶어서요. 고지식한 E는 그 광경을 목격하자마자 담임 선생님께 그 사실을 알렸습니다. 선생님은 폰압(휴대폰 압수)을 하러 교실로 출동했고요. 당황한 두 친구는 스마트폰을 얼른 숨기고 없는 척했는데, 화가 난 선생님이 실수를 했습니다.

"계속 거짓말할래? E한테 다 들었어!"

스마트폰도 뺏기고 벌칙도 받은 두 남학생은 E에게 화가 났습니다. 고자질쟁이라고 놀려대면서 계속 시비를 걸었죠. 그러다 주먹이 오가는 상황까지 벌어졌는데, 진짜 문제는 지금부터입니다. 학교폭력대책자치위원회가 소집되었는데, E의 엄마가 두 학생에게 전교생이 보는 앞에서 공개 사과를 하라고 요구했어요. 남자애들은 싸우면서 친해진다는 말도 있지만 이번에는 예외였습니다. 앙심을 품은 두 남학생이 그때부터 교묘하게 괴롭히기 시작했거든요.

'반따(반에서 따돌림당하는 것)'이던 E는 '전따(전교생에게 따돌림당하는 것)'가 되었습니다. 결국 견디다 못한 E가 전학을 갔는데, 거기까지 왕따 꼬리표가 따라갔습니다. 어떻게 그런 일이 가능하냐고요? SNS와 모바일 메신저 기능을 악용하면 가능하고도 남습니다. 이런 행위를 '사이버 왕따', 영어로 '사이버 불링'이라고 합니다.

예방이 최선이다!
사이버 불링

사이버 폭력 중 하나인 사이버 불링은 '사이버 공간에서 휴대폰, 이메일, SNS, 메신저 등을 활용해 특정인을 지속적, 반복적으로 괴롭히는 일체의 행위'를 말합니다.

한국의 사이버 불링은 매우 심각한 수준입니다. 해가 갈수록 발생 건수가 늘고 있고 이로 인한 자살률도 높아지고 있거든요. 간혹 사이버 불링에 대한 이해가 낮은 분들은 이렇게 말하기도 합니다.

"사이버 공간에서 벌어지는 일이니까 스마트폰을 안 하면 괜찮지 않을까요?", "그런 것들을 가만 놔둬? 당장 고소해야지!"

직접 당해보지 않으면 그 심각성을 체감하기 힘든 것이 사이버 불링입니다. 만약 여러분의 가정에 다음과 같은 일이 벌어진다면 어떨까요?

사례1 나에 대한 헛소문과 비방이 사실처럼 되어 삽시간에 SNS를 통해 대한민국 전역에 퍼져나갔습니다. 그리고 이를 진짜라고 믿는 수많은 사람들에게 인신공격을 당하고 나니 학교나 직장에 다닐 수가 없어요. 그 후로는 대인기피증이 생겨 집 안에만 있게 되고요.

사례2 가해자들에게 시공간 제약 없이 24시간 무차별적으로 따돌림과 무시를 당하고 폭언과 욕설을 듣습니다. 멘탈이 다 털려 스마트폰 전화번호를 바꿨는데, 어떻게 알았는지 새로운 번호로 또다시 악몽이 시작됩니다. 가해자가 동급생들이거든요.

사례3 어떻게 알아냈는지 내 실명, 얼굴, 주소, 기타 신상 정보가 사이버 공간에 낱낱이 공개되었습니다. 나만의 문제라면 참아보겠는데, 가족의 신상 정보까지 털며 협박을 합니다. 집 또는 학교 앞으로 찾아오겠다고요.

사례4 나도 모르게 내가 포르노 배우로 둔갑한 합성사진이 인터넷 상에 떠도는 걸 알게 됐습니다. 삭제를 해도, 고소를 해도 끝없이 재생되는데, 지인들이 볼까 봐 정말 두렵습니다.

사례5 악성 댓글을 다는 익명의 가해자가 누구인지 알 수가 없습니다. 주위 사람이 다 의심스럽고 두려운 나머지 사람 만나기가 무섭고요. 우울증은 갈수록 심해져 매일 자살 충동에 시달립니다.

제가 꾸며낸 가상의 사례가 아닙니다. 모두 국내에서 일어난 사이버 불링의 실제 사례예요. 심각한 사회문제로 대두되고 있는 사이버 불링 때문에 극단적 선택을 하는 피해자가 늘고 있습니다. 인터넷, 스마트폰 이용자 4명 중 1명은 사이버 폭력을 경험해봤다는 실태 조사 결과도 있고요.[10]

사이버 불링을 '보이지 않는 인격 살인'이라고도 합니다. 폭력의 정도가 시공간의 제약 없이 연속적이고 무한하며 살인에 버금갈 정도로 큰 정신적 고통을 주기 때문이죠.

따라서 사이버 불링은 예방이 최선입니다. 예방법은 부모가 먼저 사이버 불링에 대한 지식을 갖추고 자녀에게 안전한 사용 및 대처법을 알려주는 것입니다.

스마트폰 소유 여부가
왕따의 조건이 될까?

이는 많은 부모가 걱정하고 궁금해하는 내용입니다.

"학급 내에서 자녀만 스마트폰이 없으면 진짜로 반따, 은따(은근히 따돌림당하는 것), 전따당할까요?"

해답과 관련된 사례를 들어볼게요.

모 초등학교 5학년 1반에서 스마트폰이 없는 학생은 A와 B뿐입니다. 둘 다 경제적 형편 때문은 아니고 스마트폰 과의존과 사이버 폭력을 염려한 부모가 피처폰을 쓰게 해서입니다. 하루는 아이들끼리 모둠을 만들 일이 있었는데, 반톡(반에서 하는 카카오톡)에서 모둠 구성이 이루어졌나 봐요. 다음 날 국어 시간이 됐는데, 그 사실을 전혀 몰랐던 A는 담임 선생님이 지정해줄 때까지 어느 모둠에도 끼지 못했습니다. 평소 의기소침하고 내성적인 A에게는 친구가 없었거든요. 반면 B는 즐겁게 모둠 활동을 시작했습니다. B에겐 우리 모둠에 들어오라고 미리 전화해서 챙겨주는 친구들이 있었거든요. 친구들이 나서서 B를 초대한 이유는 사교성 있고 활달한 B랑 어울리면 재미있고 과제도 잘할 수 있었기 때문이죠.

현장 경험상 스마트폰 유무와 기종은 왕따의 조건이 아닙니다. 자녀의 자존감과 사회성 여부가 더 중요하죠. B처럼 각종 모임에 적극적으로 참여하고 여러 사람과 잘 어울리는 '인싸(insider)' 유형의 아이는 스마트폰이 없거나 '똥폰'을 사용해도 문제될 것이 없습니다. 반면 A 같은 성향의 아이는 상황이 좀 다릅니다. 가뜩이나 친구 사귀는 기술도 없는데 스마트폰마저 없다면 또래 관계가 더 위축될 수 있습니다. 요즘 아이들에게 스마트폰은 친구들과의 중요한 소통 수단이자 연락 체계거든요.

디지털 네이티브 자녀에게는 디지털 문명 안에서 사람을 만나 관계를 맺고 유지·발전시켜나가는 행위 자체가 산교육이자 중요한 경험입니다. 사이버 왕따가 걱정된다면, 좋은 스마트폰이 있고 없고보다는 인싸의 조건인 사회성을 증진시켜주세요. 사이버 불링을 당할까 두려워서 스마트폰 사용을 막기보다는 '네티켓(netiquette, 사이버 공간에서 지켜야 할 예의범절)'을 갖추도록 지도하는 것이 현명한 방법입니다.

03

SNS 대화가 편한 아이에게 말 잘하는 능력 더해주기

요즘 아이들의 대화법

자녀에게 의사소통 능력이 필요한 시기는 언제일까요? 초등 1학년 때부터입니다. 학교라는 소사회에 잘 적응하기 위해선 자신의 의견을 상황에 맞는 말과 글로 전달할 수 있어야 하거든요. 초등학교 고학년이 되면 의사소통 능력이 있는 아이와 아닌 아이의 사회성에 차이가 나기 시작합니다. 또래 관계에도 큰 영향을 미치고요. 아이들 싸움은 사소한 말 한마디에서 시작되는 경우가 많은데, 아름다운 화해로 끝맺으려면 의사소통 능력이 필요합니다. 그리고 이 능력은 자녀가 청소년기를 거쳐 사회인이 될 때까지, 아니 성인이 된 후에도 필요하죠. 그런데 이렇게 중요한 능력이 스마트폰 때문에 떨어질 수 있다고 합니다. 바로 '디지털 말더듬'이라는 현상 때문입니다. 디지털 말더듬이란 스마트폰의 기능에 의존해 소리 내 말하지 않는 생활을 계속해 어휘력이 떨어지거나 발성, 발음기관의 기능이 저하되는 증상입니다.

직접적인 대화는 줄고 SNS나 메신저를 통해 커뮤니케이션하는 비중이 커진 것이 원인입니다. 한 조사 결과에 의하면 우리나라 스마트 기기 이용자 중 95%가 커뮤니케이션을 하기 위해 스마트폰을 사용한다고 합니다. 10대부터 50대까지의 답변에 큰 차이가 없었고요. 즉 연령에 상관없이 스마트 기기를 활용한 대화 의존도가 높다는 것이죠.[11]

현재는 그 당시보다 SNS와 메신저가 차지하는 비중이 더 커졌으니 포노 사피엔스의 의사소통 능력에 경고등이 켜졌을 수도 있습니다. 뇌는 쓸수록 발달하지만 안 쓰고 놔두면 퇴화하거든요. 뇌의 영역 중 말하기를 담당하는 전두엽도 마찬가지입니다. 입만 열면 할 수 있는 것이 말 같지만 사실 말소리를 내려면 뇌가 성대와 혀, 입술 근육에 명령을 내려야 합니다. 그런데 말을 하지 않는 생활이 지속되면 이런 과정이 원활하지 않고 뇌 기능이 퇴화되면서 말을 더듬거나 어눌해지거나 횡설수설하는 증세가 나타납니다. 혀끝에서 단어가 맴도는데 알 듯 말 듯 안 떠올라 답답하기도 하고요.

상담 사례 중 언변이 좋은 여학생 J가 있었습니다. 초등학생 때까지는 그랬습니다. 고등학생이 된 J를 상담실에서 다시 만났을 땐 깜짝 놀랄 정도로 언어 유창성이 떨어졌습니다.

"선생님! 그게 뭐였죠? 왜 그거 있잖아요, 그거, 이렇게 하는 거…."

"흠, J야! 요즘 스마트폰 많이 한다고 전해 들었는데, 하루 몇 시간이나 하니?"

"음, 그게… 글쎄요, 잠잘 때 빼곤 다?"

"주로 뭘 하는데?"

"SNS랑 메신저요. 유튜브도 보고요."

"전에 다니던 학교 친구들이랑 연락은 하니?"

"네, 거의 매일 하죠."

"스마트폰으로?"

"네."

"자주 만나기도 해?"

"아니요, 잘 못 만나요. 거리가 멀어서. 귀찮기도 하고."

제가 경험한 디지털 말더듬은 의사소통장애의 일종인 말더듬증처럼 증상이 심하진 않았습니다. 하지만 풍부한 어휘력 사용이나 매끄러운 언어 구사력은 확실히 떨어졌습니다. 원인은 메신저에서 쓰는 대화체입니다. 감정 표현에 효과적인 이모티콘의 영향도 있고요. 깜찍한 이모티콘 하나면 어설픈 열 마디 말보다 마음을 잘 전달할 수 있죠. 이런 대화 방식에 익숙해지면 자신의 감정과 생각을 말로 드러내고 전하는 것이 점점 어려워집니다. 함께 모여 있을 때조차 직접적인 대화보다 스마트폰을 통한 소통 방식을 선호하기도 하고요.

얼마 전 모 지역 아동 센터에 강의하러 갔다가 경험한 일입니다. 책상 하나를 사이에 두고 마주 본 학생끼리 카톡으로 대화를 주고 받더라고요. 뭐가 재미있는지 연신 키득대면서요. 처음엔 비밀 이야기인가 싶었는데 일상적인 대화였습니다. 상대가 바로 앞에 있는데 말로 대화하지 않고 메신저를 쓰는 이유가 궁금해서 물어봤더니 "그냥요!", "말로 하기 귀찮아서요"라는 답변이 돌아왔습니다. 식당이나 공원에서도 둘러앉아 있지만 각자 스마트폰을 통해 소통하는 모습을 흔히 접할 수 있죠.

말 잘하는 자녀에게 있는
네 가지 능력

의사소통은 사람들 간에 생각이나 감정을 교환하는 총체적인 행위입니다. 듣고, 말하고, 읽고, 쓰기를 통한 언어적 요소뿐 아니라 제스처, 자세, 얼굴 표정, 눈 맞춤, 목소리 등과 같은 비언어적 요소를 통해서도 이루어지죠.[12] 즉 의사소통을 잘한다는 건 이 모든 활동이 균형 있게 발달했다는 걸 의미합니다.

대다수 부모는 우리 아이가 청산유수 같은 말솜씨를 가지길 바라죠? 외국어 하나쯤은 모국어처럼 잘했으면 좋겠고요. 캐나다의 커넬(Canale)과 스웨인(Swain) 박사는 제2 언어를 배울 때 다음과 같은 네 가지 능력[13]이 필요하다고 했습니다.

문법적 능력 grammatical competence	어휘와 문법을 이해하는 능력
사회 언어적 능력 sociolinguistic competence	때와 장소에 맞게 의사소통할 수 있는 능력
담화 능력 discourse competence	글이나 대화를 전체적으로 파악하는 능력
전략적 능력 strategic competence	의사소통을 시작하고 부족한 언어 능력을 적절하게 보충할 수 있는 능력

의사소통 능력이 생각보다 복합적이죠? 말만 잘한다고 해서 되는 게 아닙니다. 외부에서 받은 음성과 문자 또는 비언어적 형태의 정보가 뇌에 입력되고 이해되는 과정을 거쳐 적절한 말과 글, 비언어적 요소로 표현되는 것이 의사소통 과정이기 때문이죠.

만약 자녀의 의사소통 능력이 뛰어나다면 위의 요소를 두루 갖추었다는 뜻이니 듬뿍 칭찬해주세요. 반대라면 격려해주시고요. 간혹 상담하러 온 부모님 중 몇 년째 영어 학원을 보냈는데 효과가 하나도 없어 돈만 날렸다고 푸념하는 분이 있는데, 이 네 가지 능력이 골고루 발달하지 않아서 그렇습니다.

자녀에게 첫 스마트폰을 안겨주기 전에 의사소통 능력 정도를 점검해보시길 바랍니다. 결과가 우수한 것으로 나왔다면 균형적인 발달이 지속적으로 이루어질 수 있도록 도와주세요. 부족한 편이라면 다음에 소개하는 '의사소통 능력 향상법'을 꾸준히 실천하시고요.

문샘의 똑똑! 현장 노트

의사소통 능력을 쑥쑥 높이는 법

1. 소리 내서 말하기

언어 능력이 약화되는 것을 막기 위해 가급적 소리 내서 말하고 직접적인 대화를 자주 하는 습관을 갖습니다.

2. 눈으로 보고 소리 내서 읽기

공부할 때 눈으로 보고 내용을 소리 내서 읽는 습관을 들이면 자녀의 학습 능력이 향상됩니다. 언어 연쇄 작용이 일어나 말이 자연스럽게 나올 뿐 아니라 뇌에 정보를 입력하는 데도 도움을 주거든요.

3. 두말하면 잔소리, 독서하기

혼자 집에서 의사소통 능력을 향상하는 가장 좋은 방법은 독서입니다. 매일 조금씩 꾸준히 독서를 하다 보면 자연스럽게 어휘력이 상승하고 창의력, 표현력, 이해력, 사고력, 문제 해결력까지 덤으로 증진됩니다.

'스마트폰 바라기'의 활동성을 높이는 비결은?

스마트폰이 자녀에게 미치는 좋지 않은 영향 중 하나가 '활동성 저하'입니다. 일상적 현상부터 병적 증세까지 정도가 다양합니다. 자녀가 밖으로 나돌아도 문제지만 너무 한곳에 틀어박혀 있어도 부모는 걱정입니다. 답은 스마트폰을 붙들고 칩거 중인 자녀의 마음속으로 들어가보면 압니다. 어른들의 생각처럼 단순히 재미있어서 스마트폰 세상에 빠져 있는 게 아니거든요.

온택트(ontact)[14] 시대를 맞이한 아이들,
집콕이 좋아! 스마트폰은 더 좋아!

"애가 스마트폰을 하더니 이상해졌어요. 무기력해지고 방에서 잘 나오지도 않아요. 외출도, 외식도 다 귀찮아하고요. 일주일에 3

일 가는 등교도 겨우겨우 하고 있어요."

최근 줌(Zoom)을 활용한 실시간 쌍방향 학부모 교육 때 받은 질문입니다. 온라인 수업이 장기화되고 '집콕(집에 콕 박혀서 대부분의 시간을 보내는 것)' 하는 시간이 많아지면서 딸이 스마트폰 이외의 활동은 모두 하기 싫어한다는 사연 중 일부이고요.

요즘 이런 종류의 양육 고민과 상담 신청이 부쩍 늘었습니다. 전 세계를 강타한 코로나19 때문이죠. 코로나19가 창궐하기 이전부터 스마트폰은 대단한 영향력을 행사했지만 '온택트 시대'를 맞아 더 강력해진 듯한 느낌입니다.

더불어 자녀의 디지털 기기 사용 시간은 급격히 늘어나는 추세입니다. 온라인 원격 수업 때문입니다. 이 때문에 부모가 자녀의 스마트폰 사용 시간을 정확히 체크하기가 힘들어졌고요. 예를 들어보겠습니다. 온라인 수업 이전에는 '인터넷과 스마트폰 하루 이용 시간 2시간'이라는 식으로 규칙 만들기가 쉬웠습니다. 시간 관리 앱을 통해 확인하기도 쉬웠고요. 어기면 스마트폰을 사용하지 못하게 하는 벌칙 적용도 수월했습니다.

그런데 요즘은 어떤가요? 온라인 수업이 끼어 있어 학업 이외의 용도로 스마트폰을 이용한 시간을 따로 계산하기가 애매해졌습니다. 아이가 하루 종일 스마트폰을 붙들고 있어도 "수행 과제 의논 중이야", "온라인 수업 들으려고"라고 말하면 찜찜해도 믿어줘야 하고요.

온라인 수업에 임하는 자녀의 태도는 천태만상입니다. 열심히 듣는 아이도 있지만 멀티태스킹(multitasking)의 나쁜 예를 보여주는 아이도 있습니다. 저에게 상담하러 오는 학생 여러 명도 컴퓨터와 스마트폰을 동시에 활용하는 꼼수를 발휘합니다. 온라인 수업을 들으면서 게임을 동시에 띄워놓고 하는 거죠. 짬짬이 스마트폰으로 유튜브를 보다가 수시로 오는 톡도 처리합니다. 초등 저학년보다는 고학년 이상에서 많이 볼 수 있는 현상인데, 아이들만 나무랄 일도 아닙니다. 수업은 갈수록 지루한데, 재미 넘치는 스마트폰이 손안에 있으니 당연하다고 할 수 있겠죠.

불안정한 등교 환경에 대한 아이들의 심경 변화도 주목할 만합니다. 3월에 학생 상담을 할 때만 해도 아이들이 학교에 못 가는 걸 내심 아쉬워했어요. 새 학기, 새 학년에 대한 부담은 있지만 한편으로는 새로운 반과 친구들에 대한 궁금증이나 기대감이 있거든요.

그런데 2학기부터 등교가 본격화되자 너도나도 학교 가기 싫다고 합니다. 생체리듬이 깨져 아침에 일찍 일어나기 힘들고, 그동안 집 안에서 불규칙하고 자유롭게 생활하는 패턴에 익숙해진 데 따른 부작용입니다. 친구 사귀는 재미라도 있으면 학교 갈 맛이 좀 나겠는데, 등교부터 하교할 때까지 마스크를 착용하고 거리 두기를 실천하다 보면 동급생 얼굴이 어떻게 생겼는지도 모르겠다고 합니다.

심심하고 우울해서
스마트폰을 찾는 아이들

코로나 블루(corona blue)를 호소하는 학생도 많아졌습니다. 코로나 블루란 '코로나19와 우울감을 합한 신조어'입니다. 코로나19로 일상생활과 사회 활동이 위축되면서 우울감, 불안, 무기력을 느끼는 증상입니다. 자녀가 코로나 블루를 겪을 때 제일 먼저 나타나는 변화가 활동성 저하에 따른 외부 활동 감소, 무단결석, 의욕 상실 등입니다. 집콕 생활이 갑갑하다고 몸부림치던 아이가 언제부터인가 집에 틀어박히는 것을 편하게 여기고요.

아이가 이상해진 것은 스마트폰 때문만이 아닙니다. 다양한 외부 요인으로 생긴 무기력증과 우울증이 스마트폰 의존도를 높여 결국 스마트폰 과의존 증상으로 악화된 것이죠. 스마트폰만 있으면 굳이 나가지 않아도 끼니까지 해결되거든요. 배달 음식 비용과 쓰레기 처리 문제 때문에 커진 부모의 스트레스는 결국 아이한테 잔소리 폭탄으로 터지고요.

코로나 블루가 아니어도 자녀의 활동성과 의욕이 저하되는 경우가 또 있습니다. 바로 '귀차니즘'입니다. 만사를 귀찮게 여기는 것이 습관화된 상태입니다. 자녀가 귀차니즘에 빠지면 "몰라!", "귀찮아!"라는 말을 입에 달고 삽니다. 중고등학생 때 주로 나타나는 현상인데, 운동과 신체 활동을 질색합니다. 하고 싶은 것도 없고요.

'생각이라는 걸 하나?' 싶을 정도로 머리 쓰길 싫어합니다. 학교와 학원은 겨우겨우 다니는데, 가방만 메고 왔다 갔다 하는 수준이라서 성적은 바닥입니다. 그런데 이런 와중에도 스마트폰은 합니다. 왜 그럴까요? 그냥 있기는 심심해서요.

자녀가 게으름을 피우거나 우울해하면 의지 부족과 '유리 멘탈'이 문제라고 생각하기 쉽습니다. 사실 몸과 마음은 하나로 연결되어 있는데 말이죠. 우리 몸이 활동을 시작하면 교감신경계가 활성화되면서 엔도르핀(endorphin)과 도파민(dopamine)을 비롯한 여러 가지 감정 조절 관련 호르몬이 분비되거든요. 신체 활동이 줄어들면 자연스럽게 이런 호르몬의 분비량도 줄어 무기력과 우울감을 느끼게 됩니다.

'건강한 체력에서 강인한 멘탈이 나온다'는 말, 자주 들어보셨죠? 그 시작은 '다양한 신체 활동 늘리기'입니다.

스마트폰 바라기를 쌩쌩하게!

1. 하루 30분 이상 신체 활동하기

다수의 전문가가 추천하는 신체 활동은 '걷기'입니다. 햇볕을 받으면서 걷기만 해도 행복 호르몬 세로토닌(serotonin)과 숙면 호르몬 멜라토닌(melatonin)이 나옵니다. 면역력을 높이는 비타민 D 합성에도 도움을 주죠. 이외에도 자녀가 원하는 신체 활동과 운동을 매일 30분 이상 꾸준히 하도록 하면 좋습니다.

2. 내부 활동도 OK!

신체 활동을 반드시 외부에서만 하라는 법은 없습니다. 기질에 따라 내부 활동을 선호할 수도 있습니다. 집안일 돕기, 방 청소, 정리 정돈, 간단한 홈 트레이닝 등을 추천합니다.

3. 규칙적인 생체리듬 만들기

불규칙한 생활 습관으로 생체리듬이 무너지면 졸음, 불면, 피로감, 집중력과 면역력 저하, 두통, 우울감, 무기력증 등과 같은 증상이 나타납니다. 이때 가장 좋은 해결 방법은 7~8시간의 숙면을 취하고 매일 같은 시간에 취침과 기상을 하는 것입니다. 여건이 안 돼서 취침도 수면 시간도 들쑥날쑥할 때는 기상 시간만이라도 일정하게 지키면 좋습니다.

슬기로운
스마트폰
사 용 법

셋

아이의 심신이 첫 스마트폰과 잘못 만났을 때

자녀에겐 '금쪽 스마트폰'이 부모에겐 징글징글 '웬수 스마트폰' 일 때가 있습니다. 바로 자녀의 뇌와 신체가 스마트폰과 잘못 만나 부작용이 일어날 때죠. 개선하려 노력하다가 안 되면 부모의 머릿속에 수많은 물음표가 날아다닙니다.

'도대체 뭐가 문제지?', '공부 머리가 아닌가?', '어떻게 하면 좋지?' 이러한 물음에 느낌표가 되어줄 답을 알려드립니다.

공부 머리를 원한다면 '뇌의 컨트롤 타워'를 발달시켜라

공부를 잘하고 싶은데
머리가 안 따라준다면?

공부와 관련된 우리 아이들의 속마음이 궁금하시죠?

인터넷·스마트폰 과의존 예방 교육을 할 때마다 학생들에게 퀴즈를 냅니다.

"공부를 잘할 수 있는 세 가지 능력, 뭘까요? 세 가지 모두 세 글자이고 '력'으로 끝납니다. 첫 글자 힌트는 바로 집○력, 자○력, 기○력이에요."

아이들은 과연 어떤 반응을 보일까요? 열심히 참여할까요, 안 할까요? 합니다! 다수의 아이들이 솔깃해서, 궁금해서 손을 들고 열심히 발표합니다. 집중력과 기억력은 잘 알아맞히고, 자제력은 자기력, 자습력, 자신력 등으로 헷갈려하지만요. 그다음엔 세 가지 능력을 얼마나 지니고 있는지 자가 진단 테스트를 실시합니다.

현장 교육에서는 그다음 내용이 핵심입니다. 전두엽 그림을 보여주면서 질문을 던지죠.

"여기 전두엽이 보이나요? 공부를 잘하도록 해주는 능력인 집중력, 기억력, 자제력을 주관하는 뇌의 주요 기관입니다. 즉 전두엽이 기능을 제대로 발휘해야 공부도 잘할 수 있습니다. 그런데 '이걸' 매일 5시간 이상씩 하면 전두엽 기능이 마비되고 저하됩니다. 이건 뭘까요?"

그러면 아이들이 합창하듯 외칩니다.

"스마트폰이요!"

"와우, 잘 알아맞혔습니다. 그럼 스마트폰이 우리 뇌에 어떤 영향을 얼마큼 미치는지 알아볼까요?"라고 유도하면서 상세한 설명을 하면 아이들은 관심을 갖고 경청합니다. 귀를 기울이며 듣다 보면 스마트폰을 지나치게 많이 사용할 경우 디지털 치매, 팝콘 브레인을 유발할 수 있다는 것도 알게 되고요. 이 말은 곧 자녀들이 '스마트폰을 오래 사용하면 뇌에 좋지 않은 영향을 미친다'는 사실쯤은 알고 있다는 뜻입니다. 그래서 부모가 "머리 나빠진다! 스마트폰 좀 그만해!"라는 말을 했을 때 안 먹히는 거죠.

"어, 진짜요? 머리가 나빠져요? 알았어요, 그만할게요!"라고 반응하는 자녀는 소수입니다. 대놓고 말은 못해도 "아는데 어쩌라고요? 계속하고 싶은데", "나는 괜찮아. 현재 아무 이상도 없잖아?"

라고 넘기는 경우가 더 많죠.

잔소리 같은 조언보다는 뇌 과학 이야기를 하는 것이 더 효과적입니다. 예를 들면 이런 식으로요.

스마트폰을 그만하고 잘 준비를 할 시간에 자녀가 계속 스마트폰을 합니다.

(반항심을 유발하는 부모의 말) "쯧쯧, 완전 중독이네 중독이야. 내일 당장 와이파이를 끊어버리든가 해야지. 저러다 바보 되겠어."

(자제를 유도하는 부모의 말) "시간이 지났는데도 손에서 못 놓겠지? 스마트폰을 터치할 때마다 도파민이 분비돼서 그래."

아이의 마음을 움직이는 말은 '중독'이 아니라 '도파민'입니다. 스마트폰과 도파민의 상호작용까지 핵심을 짚어 설명해줄 수 있다면 아이의 행동 변화를 이끌어낼 수 있습니다. 스마트폰의 즉각적인 보상 시스템은 도파민 수치를 높입니다. 그래서 스마트폰을 자꾸 하고 싶게 만들죠.

스마트폰을 지나치게 많이 사용했을 때 일어나는 전두엽 기능 저하는 자녀의 학습 능력 저하로 이어집니다. 즉 뇌가 공부를 잘하고 싶어도 그럴 수 없는 상태가 되는 것이죠. 뇌가 스마트폰을 길들이는 것이 아니라 스마트폰에 길들기 때문입니다.

슬기로운 스마트폰 생활

스마트폰을 길들이는 뇌
vs 스마트폰에 길드는 뇌

스마트폰이 뇌에 미치는 영향을 논할 때 꼭 언급되는 기관이 전두엽입니다. '뇌의 컨트롤 타워(control tower)'라고도 부를 만큼 중요한 전두엽은 기억력, 집중력, 사고력, 자제력 등을 주관합니다. 충동을 억제하고 보상을 지연시키는 역할을 하며 사회성 발달에도 기여하죠. 전두엽은 뇌 기관 중 가장 늦게 발달한다고 알려졌는데, 특히 청소년들의 대뇌 발달을 추적한 많은 연구 결과를 보면 평균 20대 중반이 되어야 전두엽이 완전히 발달한다고 합니다. 이 말은 곧 아동·청소년기의 자녀가 충동적이고, 보상에 즉각 반응하며, 불안정한 감정 상태를 보이는 것이 자연스러운 현상이라는 의미죠.

자녀의 손에 첫 스마트폰을 쥐여줄 때, 부모의 바람은 한결같습니다.

'아이가 자기통제력을 갖고 주도적으로 스마트폰을 사용하는 것.'

그 바람을 이루려면 부모는 자녀의 전두엽 기능이 지속적으로 발달하도록 도와줘야 합니다. 그래야 자녀의 자기통제력, 주의 집중력, 만족 지연 능력, 사회성이 두루두루 향상되거든요.

아이들도 '공부를 안 해도 성적이 잘 나왔으면' 하는 심리처럼 스마트폰을 많이 하더라도 뇌는 건강하기를 원해요. 그 증거로 이런 질문을 하거든요.

"선생님! 저는 하루에 스마트폰을 5시간 정도 하는데 전두엽이
마비됐으면 어떡하죠?"
"스마트폰 때문에 떨어진 전두엽 기능은 회복되지 않나요?"
"머리가 나빠질까 봐 걱정이에요. 전두엽이 좋아지는 방법 좀 알
려주세요."

아이들 마음이 동했을 때 '머리가 똑똑해지는 전두엽 활성법'을
알려주니 잘 받아들였습니다. 독자 여러분도 한번 시도해보세요.

똑똑한 뇌를 위한 3·3·3 활동법

'3·3·3 활동법'이란?

다수의 전문가가 추천하고 오랜 연구 결과가 증명하는 가장 좋은 뇌 발달 방법은 바로 '신체 활동'입니다. 피트니스 센터에서 정식으로 하는 운동이 아니어도 됩니다. 몇 분간 집에서 하는 짧은 스트레칭부터 동네 산책, 조깅, 줄넘기 등등 뭐든 몸을 움직이는 활동이면 좋습니다. 10분간의 짧은 운동도 기억력과 집중력 향상에 효과가 있다고 합니다. 스트레스와 불안 감소, 충동성 억제에도 도움이 되고요.

이왕이면 3·3·3 활동법을 실천해보세요. 즉 매주 3회, 30분 이상, 30% 정도로 강도를 높인 신체 활동을 꾸준히, 규칙적으로 하면 더욱 확실한 효과를 볼 수 있습니다.

거리 두기가 답이다!
스마트폰과 학습 집중력

"10분이면 끝낼 숙제를 2시간이나 붙잡고 있어요. 공부도 10분 이상 집중하지 못하고요. 억지로 앉혀놓으면 계속 딴짓하고 숙제하기 싫다고 징징대니까 짜증이 나요. 애가 왜 이러죠? 뭐가 문제일까요?"

8세 아들 C의 산만한 학습 태도 때문에 상담을 신청한 엄마의 사연입니다. 원인을 파악하기 위해 이렇게 여쭤봤습니다.

"C가 집중해서 잘하거나 좋아하는 건 뭔가요?"

"스마트폰이요. 한번 잡았다 하면 시간 가는 줄 몰라요. 아마 그냥 놔두면 하루 종일이라도 할걸요?"

자, C의 문제가 뭔지 감 잡으셨나요?

일단 문제의 원인 중 하나가 스마트폰인 건 맞습니다. 그런데 주범은 아니에요. 부정적 영향을 미친 요인 중 하나죠. 드물긴 하지만 스마트폰을 좋아하면서 공부와 숙제도 열심히 하고 집중력도 좋은 아이가 있거든요. C의 사연을 더 살펴보면서 주범의 실체를 알아볼까요?

C는 생후 18개월 때부터 스마트폰을 갖고 놀았습니다. '독박 육아'에 지친 엄마가 힘들 때마다 C에게 스마트폰을 내주었거든요. 일에 바쁜 아빠는 아이 양육에 무관심했고요. C는 시간이 흐를수록 스마트폰만 쥐여주면 있는 듯 없는 듯 조용한 아이가 되어갔습니다. 그렇게 몇 년이 지나고 C가 어린이집에 갈 때쯤이었어요. 엄마가 정신을 차리고 보니 아들이 스마트폰에 지나치게 푹 빠져 있었어요. 안 되겠다 싶어 관리에 들어갔는데, 한발 늦은 걸까요? C의 문제는 한두 가지가 아니었습니다. 방금 배운 걸 뒤돌아서면 잊어버리고, 또래보다 말도 늦고, 집중력은 5분이 '땡'이었습니다.

C가 저랑 만난 건 여덟 살 때였습니다. 초등학교 생활에 적응하지 못하고 수업 진도도 못 따라가니까 담임 선생님이 심리 치료와 상담을 권했거든요. 초기 면담 때 C의 엄마는 대뜸 학습장애와 ADHD(Attention Deficit Hyperactivity Disorder, 주의력결핍과잉행동장애) 여부부터 물어봤는데, 저는 '팝콘 브레인' 증상이라고 생각했습니다. 잠깐의 무료함도 못 견디는 태도, 스마트폰 외의 활동은 전부 심드렁해하는 C의 모습 때문이었습니다.

더! 더! 강한 자극을 원하는 뇌,
팝콘 브레인

팝콘 브레인(popcorn brain)이라는 말을 들어보셨나요? 팝콘 브레인은 데이비드 레비(David Levy, 미국 워싱턴대학교 정보대학원 교수)가 2011년에 만든 용어입니다. 디지털 기기를 지나치게 오래 사용해 주의력과 기억력이 크게 떨어지고 강한 자극에만 뇌가 반응하는 현상을 뜻하죠. 팝콘 브레인 상태가 되면 평범한 현실에 무감각해지고 주변에서 일어나는 일에 흥미를 느끼지 못합니다.

상담 현장에서 만난 아이들도 비슷한 특징을 보였습니다. 좋아하는 게임을 하거나 유튜브를 시청할 때는 무한 집중력을 발휘합니다. 반면 공부, 독서 같은 정적인 활동은 금세 지루함을 느끼고 산만해집니다. 쉴 새 없이 스마트폰을 만지고, 돌아다니고, 딴짓하고, 10분이면 끝낼 숙제를 몇 시간이고 마냥 붙잡고 있죠. 보다 못한 양육자가 소리를 지를 때까지 이런 태도가 이어집니다. 공부를 할 때마다 같은 상황이 반복되면 어떤 부모는 지레 포기합니다.

"아, 몰라, 몰라! 나이 들면 좋아지겠지."

나이를 먹으면 저절로 좋아질까요? 대개는 더 안 좋아집니다. 오히려 방치의 결과로 ADHD, 틱장애, 발달장애 같은 동반 질환이 나타날 수 있어요.

뇌가 가장 활발하게 변화하는 유아기에 C는 자극적인 스마트폰으로 세상을 배웠습니다. 이때는 최적의 성장 발달을 위해 직접 보고, 듣고, 만지고, 맛보며 냄새를 맡는 감각 활동이 매우 중요한데 말이죠.

팝콘 브레인과 ADHD, 뭐가 다를까?

팝콘 브레인에 대해 알게 된 학부모가 물었습니다.

"아이가 무척 산만하고 집중 시간도 짧아요. 지금까지는 ADHD를 의심했는데, 혹시 팝콘 브레인일까요? 헷갈리네요."

팝콘 브레인과 ADHD의 주요 증상을 표로 정리해봤습니다.

	팝콘 브레인	ADHD
주요 증상	• 평범한 일상생활과 학교생활에 흥미를 느끼지 못함. • 자극적인 콘텐츠에 몰두하고 잔잔한 활동에 금세 싫증을 냄. • 긴 문장 읽기를 어려워하고 학습에 오래 집중하지 못함. • 수시로 스마트폰 접속을 반복하느라 일상적인 과제는 뒤로 미룸. • 타인의 생각이나 감정에 무감각함. • 시험을 볼 때 출제자의 의도를 파악하지 않고 본인 의도대로 문제를 풀며, 제시된 보기를 다 보기도 전에 정답이라고 생각하는 답을 적음.	• 한 가지 활동에 깊이 몰두하지 못하고 주변 자극에 쉽게 산만해짐. • 손발이나 몸을 가만두지 못하고 부산하게 움직임. • 상대방의 말을 일부만 듣고 바로 행동에 옮김. • 짜증을 잘 내고 공격적이며 충동적인 행동 양상을 보임. • 차례를 기다리지 못하고 다른 사람을 방해하거나 간섭할 때가 많음. • 수업 시간에 15분 이상 집중하지 못함. • 말을 지나치게 많이 함. • 해야 할 일이나 물건을 자주 잃어버림.

비슷한 듯 다르죠? 확실한 공통점은 '학습 집중력을 떨어뜨린다'는 것입니다.

학습 집중력은 학습의 질을 좌우하고 효율성을 결정하는 중요한 요소입니다. 타고난 유전자와 달리 후천적 노력으로 얼마든지 향상시킬 수 있습니다. 앞에서 사례로 든 C의 경우에도 스마트폰 과의존 치료를 받으면서 성향에 맞는 학습법으로 개선 효과를 보았습니다.

지금 이 책을 읽으면서 "우리 아이도 C 같은데…"라고 고민하는 분들은 다음에 제시한 '문샘의 똑똑! 현장 노트: 자녀의 학습 집중력을 높이는 네 가지 비법'을 참고하세요. 어렵고 특별한 방법이 아니라서 생활 속에서 쉽게 실천할 수 있고 아이 스스로도 빠른 성취감을 느낄 수 있습니다.

문샘의 똑똑! 현장 노트

자녀의 학습 집중력을 높이는 네 가지 비법

1. 에너자이저 아이는 '운동 후 공부'가 효과적이다.

초등 4학년 때부터는 진득하게 책상에 앉아서 공부하는 자세가 필요합니다. 이 시기에는 심신 에너지가 넘쳐납니다. 간혹 어떤 부모는 "운동 후에 공부가 제대로 될까요?"라고 걱정하는데, 적당한 운동으로 넘치는 에너지를 소비한 아이들이 공부할 때 훨씬 높은 집중력을 발휘한다는 건 여러 연구 결과로 증명된 사실입니다.

2. 공부할 때는 스마트폰을 멀리멀리!

공부나 숙제를 할 때 스마트폰을 옆에 올려놓고 하는 학생들이 꽤 많습니다. 수시로 오는 톡에 '칼답(칼같이 빨리 답장하다)'도 해가면서요. 얼핏 보면 멀티태스킹을 하는 것 같지만 학습 집중력을 떨어뜨리는 최악의 습관입니다.

3. 학습 장소에는 학습에 필요한 것만 두기

시선과 관심이 갈 만한 물건이 있으면 두리번거리고 만져봐야 직성이 풀리는 것이 산만한 아이들의 특성입니다. 그러므로 공부를 하는 곳에는 학습 관련 용품만 놔두는 것이 집중력을 높이는 데 도움을 줍니다.

4. 학습 집중력이 부족한 자녀를 위한 토막 공부법

'토막 공부'란 틈틈이 잠깐씩 하는 공부법입니다. 공부만 하려고 하면 10분도 안되어 집중력이 흐트러지는 아이들에게 효과적이지요. 요령은 다음과 같습니다.

① 자녀가 집중할 수 있는 시간을 스톱워치로 측정하기
② 측정 시간이 10분이라고 하면 '10분 집중 공부+1~2분 정도의 짧은 휴식 시간 갖기'를 2~3회 반복한 후 15분 정도 쉬기
③ 이후에는 자녀와 협의해 공부 과목을 바꾸거나 다른 학습 활동하기
④ 휴식 시간에 할 수 있는 활동 중 스마트폰, 게임기, 텔레비전 시청은 제외하기
⑤ 이런 방식에 아이가 익숙해졌다면 공부 시간을 점차 늘리기

왜 몇 시간씩 앉아서 공부해도 성적이 안 나오는 걸까?

학업 스트레스 때문에 힘들다는 여학생 P(16세)가 상담을 하러 왔습니다.

"선생님! 저는 머리가 나쁜가 봐요. 아무리 공부를 해도 성적이 안 나와요."

옆에서 비관하는 딸을 보다 못한 P의 엄마가 조심스럽게 반박합니다.

"얘가 머리가 나쁜 건 아니에요. 어릴 땐 굉장히 똑똑했거든요. 제 생각엔 공부할 때 집중을 하지 않아서 그런 것 같아요. 수시로 스마트폰을 만지거든요."

억울한 P가 항변을 합니다.

"잠깐 문자만 했어요. 진짜로 1분도 안 했는데…."

이 사례는 '멀티태스킹'과 '칼답 강박증'이 문제였습니다. '다중 작업'이라고도 하는 멀티태스킹은 동시에 여러 가지 일을 처리하는 것입니다. 작곡가가 꿈인 P도 평소 멀티태스킹을 하는 습관이 있었습니다. 좋아하는 음악을 들으면서 공부를 하고 짬짬이 메신저, 트위터, 인스타그램 관리도 했거든요. 얼핏 보면 동시다발적으로 세 가지 일을 하니 시간을 매우 알차게 쓰고 있는 것 같습니다. 실은 어느 것 하나 제대로 집중하지 못하고 정신없이 왔다 갔다 하는 어수선한 상태인데 말이죠.

뇌의 비밀을 알고 나면 그 이유가 납득이 갑니다. 이해하기 쉽게 P의 이야기를 조금 더 하겠습니다.

언제나처럼 스마트폰을 옆에 놓고 영어 공부 중인 P. 갑자기 눈길이 스마트폰으로 향합니다. 문자 알림이 왔거든요. 재빨리 문자를 확인하고 답변을 보내는 데 걸린 시간은 단 1분. 다시 공부에 집중합니다. 아니, 사실은 집중하려고 애씁니다. 조금 전 보낸 문자 내용이 계속 머리에 남아 있기 때문입니다.

이처럼 A라는 일을 마치고 B라는 일을 시작했는데, 뇌는 여전히 A에 머무르는 현상을 '주의 잔류물'이라고 합니다. 즉 A 작업에서 B 작업으로 넘어갈 때마다 우리 뇌에는 전환하는 시간이 필요하다는 거죠. 여러 연구 결과에 따르면 뇌가 전환기일 때는 주의 집중력, 정확도, 기억력 모두 떨어진다고 합니다. 전환하는 데 걸리는 시간은 개인차가 있고 전문가의 의견도 조금씩 다르나 대체로 몇 분 이상 소요된다고 하고요.

P가 몇 시간씩 공부해도 성적이 안 나온 이유를 아시겠죠?

P의 입장에선 정말 1분만 문자를 했지만 실상은 몇 분을 스마트폰에 할애한 셈입니다. 게다가 공부에 집중할 만하면 또 문자가 오니 장시간 앉아 공부를 해도 머리에 남는 내용이 별로 없습니다. 다양한 SNS 활동을 동시다발적으로 하는 멀티태스킹도 기억 방해를 거들었고요. 뇌에 정보가 끊임없이 들어오는 과부하 상태가 되면 기억력이 저하되거든요. 부모 교육 때 P의 사례를 이야기하면 "어머, 우리 아이도 공부할 때 스마트폰을 옆에 놓고 하는데, 앞으론 그러지 못하게 해야겠어요!"라는 다짐과 함께 이렇게 묻는 분들이 있습니다.

"P의 어머니는 스마트폰이 공부에 방해가 된다는 걸 알면서도 왜 그냥 놔뒀을까요?"

칼답의 압력

그 속사정을 이야기하면 이렇습니다. P에겐 친구가 많았습니다. 카톡에 등록된 친구가 몇 명인지 세기 힘들 정도였으니까요. 문제는 쉴 새 없이 날아오는 문자였습니다. P는 점점 멀티태스킹의 달인이 되어갔습니다. 쉬는 시간은 물론이고 식사 중에, 공부할 때, 이동할 때, 잠자리에서도 틈틈이 하지 않으면 문자가 수백 개씩 쌓여 감당하기 힘들었거든요.

그렇게 분주한 나날을 보내던 중 예상치 못한 문제가 발생했습니다. 급하게 피아노 레슨을 시작하느라 친구가 보낸 고민 상담 문자를 보고도 답장을 바로 하지 못했습니다. 그랬더니 성질 급한 친구가 침묵의 의미를 '읽씹(문자 메시지 등을 읽고 답하지 않는 것)'으로 오해하고 절교를 선언해버렸습니다. 그러고는 대화방에서 나가버렸죠. 당황한 P는 애원 끝에 친구의 오해를 풀긴 했지만, 그 일 이후로 칼답에 대한 강박증이 생겼습니다. 공부하는 중에도 혹시 문자가 왔나 싶어 수시로 카톡을 확인하고 바로 답장을 보내야 안심이 되는 증세 말입니다.

P의 엄마는 딸의 이런 상태가 걱정되긴 했지만 놔둘 수밖에 없었다고 합니다. 친구랑 화해하기 전까지 P는 공부는커녕 심리적 불안감에 잠을 못 자는 것은 물론 아무것도 못했으니까요. 보다 못해 스마트폰을 빼앗기도 했는데, 그럼 더 공부에 집중하지 못했다고 합니다. 이러지도 저러지도 못하는 상황이 계속되자 답답한 마음에 딸과 함께 심리 상담을 받으러 온 것이죠.

한 번에 하나씩!
똑똑한 뇌는 멀티태스킹을 싫어해

자녀가 건강한 신체와 똑똑한 머리를 갖추기를 바라는 건 모든 부모의 공통된 소망일 것입니다. 저 역시 그렇고요. 그 바람을 이룰 수 있는 다양한 심신 관리법 중 '스마트폰과 관련된 똑똑한 뇌 사용법'을 소개합니다.

첫째, 다양한 기능과 놀라운 능력을 지닌 뇌가 멀티태스킹을 할 때 효율적으로 작동하지 못한다는 걸 안 이후에 취할 행동은 간단합니다. 일의 순서를 정해 하나씩 차례로 하는 것이죠. 특히 중요한 일이나 시험공부를 할 때는 더욱 한 가지 활동에만 몰두해야 합니다. 이때 스마트폰은 멀리 두는 것이 좋습니다. 스마트폰을 옆에 두기만 해도 뇌가 작동한다고 하거든요. 스마트폰을 할 때마다 분비된 도파민이 자꾸 스마트폰에 신경 쓰게 만드는 원리 때문입니다. 이러한 생각을 무시하고 눈앞의 일에만 집중하려고 애쓰는 것 자체가 결국은 집중력을 분산시킨다고 하니 아무래도 스마트폰과 공부는 '같이 있으면 안 되는 사이'인가 봅니다. 스마트폰을 학습 도구로 활용할 때는 예외일 수 있지만요.

둘째, 똑똑한 뇌를 만들려면 집중력 못지않게 기억력이 좋아야 합니다. 기억력 강화에는 집중의 힘이 필요하고요. 기억력과 집중력의 관계를 알면 이해가 됩니다.

우리의 기억은 단기 기억과 장기 기억으로 나뉩니다. 자녀의 기억력을 향상시키려면 아이 머릿속에 반짝 머물다 사라지는 단기 기억을 장기 기억으로 부지런히 바꿔줘야 합니다. 오늘 열심히 외운 영어 단어 50개가 내일은 5개, 모레는 하나도 기억이 안 난다면 헛수고한 셈이잖아요?

단기 기억을 장기 기억으로 바꿔주기 위해서는 반복 학습, 주의 집중력 향상, 스트레스 관리, 충분한 수면이 필요합니다. 왜 그런지 기억이 뇌 속에 정착되는 과정을 통해서 알아보겠습니다.

뇌의 신경계는 신경세포(뉴런)와 시냅스[15]로 이루어집니다. 어떤 자극(학습)을 받아 신경 전도가 활발히 일어난 부위의 시냅스는 연결이 강화됩니다. 이때 신경세포에서는 새로운 신경 회로망이 생겨나는데, 반복 학습을 통한 자극이 계속되면 시냅스 회로가 강화되고 두꺼워져 장기 기억이 머릿속에 단단하게 고정되는 것이죠. 제아무리 머리 좋은 천재도 기억력에서만은 꾸준히 반복 학습하는 노력파를 따라갈 수 없는 이유가 여기에 있습니다.

다음은 주의 집중력입니다. 자녀가 뭔가에 주의를 집중하고 있을 때 뇌에 이런 신호가 간다고 합니다.

"이건 기억할 만한 중요한 거야!"

이 신호를 받아야만 뇌는 새로운 장기 기억을 만들 작업에 들어가고요. 이러한 저장 작업은 뇌의 활동 중 매우 많은 에너지를 소모하는데, 뇌는 가능한 한 에너지 소모를 줄여가면서 일하는 걸 좋아합니다. 즉 주의 집중력을 발휘하지 않고 대충 넘긴 정보까지 알아서 친절하게 오래 간직해주지 않는다는 말이죠. 뇌는 저장 장소만 기억하고 저장 내용은 패스합니다. 뇌가 힘들게 에너지를 소모할 일이 아니라고 판단하고 스마트폰에 장기 기억의 임무를 넘겨버리는 거죠.

그럼 장기 기억 형성에 스트레스 관리가 필요한 이유는 뭘까요? 그 비밀은 기억 저장소라고도 불리는 '해마(hippocampus)'에 있습니다. 뇌의 변연계에 있는 해마는 학습과 장기 기억 저장, 공간 탐색에 중요한 역할을 하는 기관입니다. 해마가 손상되면 새로운 기억을 학습하고 저장할 수 없다고 알려져 있습니다. 또 스트레스를 받을 때 분비되는 코르티솔(cortisol) 호르몬에 취약해 스트레스 상태가 지속되면 정상적인 기능과 영양 공급이 어렵다고 합니다.

마지막으로 국내외 다수의 연구 팀에서 추천하는 똑똑한 뇌 만드는 방법 중 하나가 충분한 수면을 취하는 것입니다. 수면이 기억을 강화하기 때문이죠. 단기 기억을 장기 기억으로 변환하는 과정을 거치는 동안 뇌는 많은 활동 에너지를 소모합니다. 수면 중 이 과정이 이뤄지기도 하지만 뇌의 피로도를 줄이는 것이 곧 장기 기억력을 향상시키는 비법입니다.

04

부정적 감정 신호는
긍정적 대응으로 해결한다

스마트폰을 하던 아이가 느닷없이 짜증을 낼 때가 있습니다. 이런 경우 부모는 당황한 나머지 감정적으로 대응하기 십상이고요. 이는 누구의 잘못도 아닙니다. 가치 판단과 해결법이 서로 달라 빚어진 충돌일 뿐입니다. 어떨 때 이런 갈등이 생기고 해법은 뭔지 T(15세, 여)의 상담 사례를 통해 알아보겠습니다.

중학교 입학 선물로 첫 스마트폰을 받은 T는 1학년 때까지는 큰 문제를 일으키지 않았습니다. 가끔 하루 3시간으로 정한 스마트폰 사용 시간을 어겨 폰압을 당했다가 돌려받긴 했지만 사용 규칙을 그럭저럭 잘 지키는 편이었거든요.

문제가 생긴 건 2학년 1학기 기말고사 때였습니다. 낮은 등수를 만회하려고 열심히 준비했는데, 시험을 또 망쳐버렸어요. 허무하기도 하고 짜증이 잔뜩 난 T는 스마트폰을 집어 들었죠.

"뭐야, 어차피 망할 거, 괜히 열심히 공부했잖아?"

부모 입장에서는 딸이 이런 모습을 보이는 것이 어이가 없습니다. 반성과 자책을 해도 모자랄 판에 스마트폰을 하다니요. 그것도 침대에 누워서 몇 시간째 하고 있으니 엄마는 화가 날 수밖에요.

"너 지금 제정신이니? 이 와중에 스마트폰이 하고 싶어?"

T는 속상한 마음을 몰라주는 엄마가 야속해서 신경질적으로 반응합니다.

"몰라! 모른다고! 다 귀찮다고!"

"허! 얘 말하는 것 좀 봐. 엄마한테 말버릇이 그게 뭐니? 대체 왜 그래? 요즘 왜 걸핏하면 짜증에 화를 내냐고! 엄마도 힘들어, 너 때문에!"

엄마의 언성이 높아진 이후의 상황은 짐작이 가죠? 스마트폰 압수와 동시에 소통 단절입니다. 모녀 사이에는 갈등의 골이 깊어졌고요.

해법은 하나!
긍정의 심리 근육 만들기

이런 경우 어떻게 대처하는 게 현명할까요? 해법을 알기 전에 알아두어야 할 정보가 있습니다. 인지적 발달 특성상 청소년기 자녀는 행동의 결과에 대한 가치 판단이 부모 세대와 다릅니다. 대표적인 예를 들어보겠습니다.

부모의 판단 : 스마트폰을 사용하지 않으면 학업에 더 열중할 수 있다.
자녀의 판단 : 스마트폰을 사용하지 않으면 친구들과 잘 어울릴 수 없다는 생각, 또는 의욕 저하 때문에 학업을 더 등한시한다.

T의 사례도 마찬가지입니다. T의 부모는 딸이 다음 시험을 잘 보려면 스마트폰을 반납하고 공부에 매진해야 한다고 생각했습니다. 반대로 T는 스마트폰에 몰입하면서 공부를 멀리했고요. 물론 부모의 바람대로 행동하는 자녀도 있습니다. 전부 T 같지는 않겠죠. 하지만 평소에 스마트폰을 애용하는 스타일이었다면 T처럼 행동할 가능성이 높습니다. 스트레스로 가득한 현실을 잊고 싶을 때 스마트폰만 한 게 없거든요. 스마트폰 세상에선 시간도 빠르게 흐르고요.

그렇다면 T의 엄마는 시험을 망친 딸을 어떻게 대하면 좋았을까요? 일단 다그치면 안 됩니다. 시험공부를 열심히 한 '노력'부터 칭찬해야 합니다. 그리고 시험을 망쳐서 짜증이 난 감정과 욕구를 수용하고 존중해주되 감정 처리 방식이 적절치 않았다는 걸 알려줘야 합니다. 그다음엔 잠시 아무것도 하지 말고 자녀가 감정을 견디도록 도와주고요.

성적 향상도 중요하지만 불안, 우울, 짜증, 화 같은 부정적 감정을 회피하지 않고 견뎌 이겨낼 수 있는 심리적 근육을 자녀에게 만들어주는 것이 더 중요합니다. 그러기 위해서는 다음과 같은 대화법을 활용하세요.

"시험 성적 때문에 짜증이 많이 났구나(또는 시험 성적 때문에 많이 속상하구나). 그럴 만해. 열심히 공부한 보람이 없으니 말이야. 엄마라도 그런 기분이 들었을 거야. 그렇다고 해서 지금처럼 스마트폰만 하는 건 적절하지 않아. 짜증이 나도 괜찮으니까 그냥 쉬어보면 어떨까?"

격한 감정의 끝판왕!
금단에 맞서는 지혜는?

자녀가 T처럼 부정적 감정 신호를 보내는데, 처한 상황과 원인이 다른 경우도 있습니다. 13세 남학생 H처럼요.

"저희 아들은 공부와 완전히 담을 쌓았어요. 시험 기간에도 줄곧 스마트폰만 한다니까요. 제가 보다 못해서 한마디 하면 화를 버럭 내고요. 자기가 뭘 잘했다고 성질을 내는지…. 한두 번도 아니고 매번 그러니까 저도 더 이상은 못 참겠더라고요. 아이한테 달려들어서 스마트폰을 빼앗았죠. 그랬더니 주먹으로 소파를 내리치고 쿠션을 던지고 난리도 아니었어요. 선생님, 스마트폰에 미치면 애가 이렇게 변할 수도 있나요? 제 아들이 아닌 것 같아요."

T와 H의 사례에서 공통점을 찾아보면 둘 다 스마트폰을 하다가 예민하게 반응했다는 것입니다. 차이점은 H가 훨씬 격하게 화를 표출했다는 것이고요. 폭력성까지 엿보이는 상태입니다. 성격 차이도 있겠지만 인터넷과 스마트폰을 과하게 사용했을 때 나타나는 금단증상이 주원인입니다. 여기서 말하는 금단증상이란 '인터넷과 스마트폰 사용을 중단했을 때 견디기 힘들게 나타나는 괴로운 증상'을 말합니다. 구체적인 예는 다음과 같습니다.

- 오늘 하루는 인터넷/스마트폰을 하지 않기로 결심했는데, 허전하고 심심한 감정을 견디기 힘들어서 하고 만다.
- 외출 시 스마트폰을 두고 나왔다는 걸 안 순간, 불안하고 초조해서 도로 집에 간다.
- 스마트폰이 없으면 공부나 일에 집중하기 힘들다.
- 인터넷과 스마트폰을 못하게 하면 우울하고 짜증이 난다.

만약 자녀가 이와 같은 금단증상을 보인다면 지혜롭게 대응해야 합니다. 잔소리, 체벌, 지시와 명령, 비난 같은 감정적 대응은 절대 금물입니다. 자칫 '불난 집에 기름을 붓는 격'이 되어 부모님이 몰랐던 아이의 험한 모습을 목격할 수도 있거든요.

싸움과 갈등 없이 디지털 기기 사용을 멈추게 하는 실전 팁

1. 정리 시간 알려주기

자녀가 게임(다른 콘텐츠도 마찬가지입니다)을 하는 중이라면 그 판이 언제 끝나느냐고 물어봅니다. 만약 15분이라고 말하면 현재 시간에 그 시간을 더해서 마쳐야 할 시간을 알려줍니다. 예를 들면 이런 식으로요.

"15분 후? 알았어. 지금 6시 30분이니까 6시 45분까지 끝내자."

이후 남은 시간을 "10분 남았네?", "5분 전이야"처럼 말해주면 마무리에 도움이 됩니다.

2. 스마트폰은 미리 약속한 장소에 두기

스마트폰 보관 장소를 미리 정해 아이 스스로 가져다 놓게 합니다. 그러면 부모의 명령을 따른다는 느낌을 최소화할 수 있습니다.

3. 칭찬은 고래도 춤추게 하는 법

칭찬은 돈이 들지 않는 보상이자 확실한 행동 강화 전략입니다. 자녀가 정리 시간 안에 스마트폰을 끄고 약속한 장소에 가져다 놓으면 반드시 진심으로 칭찬을 해줍니다.

4. 부모의 말을 무시하고 계속할 때

정리 시간을 넘겨서 계속하고 있다면 이때부터는 주의 환기와 함께 성취 압력을 줘야 합니다.

"약속한 시간인데 아직도 스마트폰을 하고 있네? 마지막으로 10분 더 줄게. 10분 후에도 못 마치면 그만큼 내일 사용 시간에서 뺀다."

추가 정리 시간을 줬는데도 무아지경으로 하고 있다면 전략을 바꿉니다. 이때는 아이가 반항 모드라서 자극해봤자 싸움만 나거든요. '일보 후퇴 십보 전진'의 마음으로 내일을 도모하면서 마지막 제안을 합니다. '선택 A와 B의 기술'을 활용해서요.

"정리 시간 안에 못 마치는 걸 보니 오늘은 더 하고 싶구나? 알았어! 네 뜻대로 해! 대신 내일은 쉬자. 하루가 싫으면 며칠 더 쉬든지."

이 제안에 대한 자녀의 반응은 대략 두 가지로 나뉩니다. 짜증을 내면서 바로 정리하거나, 무시하고 계속하는 것이죠. 만약 후자라면 금단증상뿐 아니라 이용 조절에도 실패한 상태니 경고대로 스마트폰 사용을 중단하도록 하고 과의존 상담을 받는 것이 좋습니다. 부모의 통제만으로는 힘든 상태거든요.

5. 아이가 안 볼 때 스마트폰 치우기

아이가 자거나 그 자리에 없을 때 컴퓨터와 스마트폰을 치우고 부모만 아는 장소에 보관합니다. 눈앞에서 보란 듯이 치우거나 압수하면 부모의 기분을 감정적으로 드러내는 것일 뿐 자녀 관리에 별 도움이 안 됩니다. 오히려 금단증상을 촉발하는 나쁜 자극으로 작용하죠.

05 원인 있는 통증은 '바른 사용 습관'으로 올킬!

사용 습관만 바꿔도
각종 통증이 사라진다

아들이 중2 때 일입니다. 이틀에 하루꼴로 두통 증세를 호소했어요. 처음에는 '그럴 수도 있지'라고 넘겼습니다. 두통약을 먹으면 괜찮아졌거든요. 그런데 이런 증상이 2주를 넘어가니 큰 병이 있나 싶어 은근히 걱정이 되더라고요. 어느 병원, 무슨 과에 가야 하나 고민하던 중 오랜만에 만난 여동생이 결정적 힌트를 줬습니다.

"언니, 우리 조카 목이 앞으로 쭉 빠졌네?"

등잔 밑이 어두웠던 거죠. 강의 현장에서 "컴퓨터와 스마트폰을 많이 하면 거북목증후군이 생길 수 있어요"라고 외치고 다녔는데, 정작 아들의 목 상태는 몰랐다니!

그길로 아들을 데리고 동네 정형외과를 찾아갔습니다. 진단은 역시 거북목증후군. 충격적이었습니다. 앞으로 빠진 목과 살짝 굽은 등 때문에 아들의 키가 2cm나 줄어들었다는 사실을 알았거든요. 가뜩이나 작은 키가 더 작아져 미안하고 속상했어요.

담담한 척하는 아들도 당황한 눈치였고요. 물리치료를 받고 집에 오자마자 바른 사용 습관 들이기에 돌입했습니다.

- 눈높이가 모니터 상단과 일치하도록 컴퓨터 모니터 높이 조절하기
- 모니터는 몸에서 팔길이만큼 떨어진 곳에 놓기
- 컴퓨터를 사용할 때 팔다리의 각도가 90도가 되게끔 의자 높이 조절하기
- 스마트폰을 사용할 때는 화면을 눈높이에 맞추기
- 평상시에도 어깨를 펴고 목을 꼿꼿이 세운 자세를 유지하기
- 병원에서 알려준 일자 목 스트레칭과 셀프 마사지 수시로 하기
- 턱을 뒤로 당기는 자세를 생활화하기
- 낮은 베개로 바꾸기

이렇게 혼신을 다해 노력하길 3개월. 다행히 아들의 목은 정상으로 돌아왔습니다.

디지털 기기를 장시간 사용했을 때 나타날 수 있는 신체 질환은 거북목증후군부터 안구건조증[16], 근막통증증후군[17], 손목터널증후군[18]까지 다양합니다.

이를 통칭해서 'VDT(Visual Display Terminal)증후군'이라고 하는

데, 지나치게 걱정할 필요는 없습니다. 모두 나쁜 자세에서 비롯된 질환이거든요.

　내담자 중 배그 게임을 즐기는 K(15세, 남)가 있었습니다. '배린이(배그를 시작한 지 얼마 안 된 초보 게이머)'를 거쳐 '고인물(배그를 아주 잘하는 게이머)'이 되기까지 수많은 시간을 게임에 투자했습니다. 그 결과 '치킨(100명의 플레이어 중에서 끝까지 살아남아 1등을 했을 때 나오는 승리 메시지)'도 많이 먹었지만 VDT증후군도 획득했습니다. 적한테 '킬'당할까 봐 눈도 깜박이지 않고 게임에 몰입하다 보면 자연스럽게 VDT증후군을 부르는 나쁜 자세를 취하거든요.

　스마트폰 삼매경에 빠진 아이들도 마찬가지입니다. 삐딱한 자세로 스마트폰을 합니다. 액정 화면이 거의 얼굴에 닿을 듯 가까운 건 기본이고요. 눈이 벌겋게 충혈된 줄도 모르고 장시간 이용할 때도 있지요.

　이렇다 보니 부모 입장에서는 스마트폰이 건강의 적처럼 느껴집니다. 사실 자녀가 첫 스마트폰을 사용하기 전에 '바른 자세, 바른 사용 습관'을 생활화하면 피할 수 있는 증상인데 말이죠. 바른 사용이 몸에 배면 있던 통증도 사라집니다. 단, 통증의 원인과 바른 사용법을 제대로 알아야만 합니다.

반신반의 궁금증,
제대로 알아야 건강하다

아이의 눈 건강에 관심이 많은 부모가 물었습니다.

"스마트폰을 오래 하면 실명된다면서요? 진짜로 그래요?"

정말로 그럴까요? 반은 맞고 반은 틀립니다. 스마트폰이 원인을 제공한 것은 맞지만 단순히 오래 한다고 실명이 되는 것은 아닙니다. 주된 원인은 어두운 곳에서 안압(눈의 압력)을 상승시키는 자세로 스마트폰을 오래 보는 습관 때문입니다. 스마트폰은 어두운 곳에서도 잘 보이잖아요? 그래서 다들 잠자리에서 눕거나 엎드린 자세로 많이 하는데, 이럴 때 안압이 상승합니다. 어둠 속에서 뭔가를 보려면 더 많은 빛이 필요하기 때문에 동공이 확장되거든요. 동공이 커지면 밀려난 홍채 조직이 체액을 배출하는 부분을 좁혀 안압이 높아지죠. 이때 발생할 수 있는 안질환이 녹내장입니다. 녹내장은 시신경에 이상이 생겨 시야결손이 나타나는 질환입니다. 방치하면 실명에 이를 수도 있습니다.

간혹 어떤 분들은 스마트폰의 블루라이트(blue light)가 눈을 멀게 한다고 알고 있는데, 이와 관련된 블루라이트의 유해성에 대해서는 여러 논란이 있습니다.[19] 따라서 '스마트폰에 눈이 장시간 노출될 경우 눈의 피로가 가중되고 안구건조증을 비롯한 각종 안질환이 유발되는데, 그 원인이 블루라이트 때문만은 아니다'라고 이해하면 좋을 것 같습니다.

다음은 강의 현장에서 자주 받는 질문입니다.

"공부나 독서를 할 때도 고개를 수그리고 있잖아요? 이때도 안압이 상승하나요?"

공부할 때 안압 걱정은 하지 말고 오래오래 해도 괜찮습니다. 독서도 실컷 하고요. 교과서, 참고서 같은 책에서는 블루라이트가 나오지 않잖아요? 스마트폰을 볼 때보다 눈도 자주 깜빡이고요. 책장도 넘기고 기지개도 켭니다. 이리저리 움직이니 안압이 그다지 높아지지 않습니다. 스마트폰 사용 시에는 눈을 1분에 평균 4~5회 깜빡이는데, 독서 시에는 1분에 평균 10~12회 깜빡인다는 실험 결과도 있습니다.[20]

이런 질문도 있었습니다.

"야간몰폰(한밤중에 부모 몰래 휴대폰을 하는 행위)이 시력을 급격하게 나빠지게 한다면서요?"

그렇습니다. 컴컴한 어둠 속에서 스마트폰 빛을 차단하려면 이불이 필요합니다. 상상해보세요. 아이가 어둠 속에서 이불을 뒤집어쓰고 몰폰 하는 광경을요. 시력 저하와 안압 상승에 이보다 더 안성맞춤형 자세는 없습니다.

그런데 왜 야간몰폰을 할까요? 이유는 간단합니다. 스마트폰이 너무 하고 싶으니까요. 몰폰 하는 순간만큼은 '건강 따윈 나는 몰라'거든요.

떳떳하게 스마트폰을 사용할 때도 마찬가지입니다. 스마트폰에 빠진 자녀에겐 건강이 1순위가 아니에요. 도리어 '많이 해도 나는 괜찮을 거야!'라는 근자감(근거 없는 자신감)이 발동하죠. '건강에 안 좋아도 스마트폰은 할래' 같은 결의도 있고요. 그래서 아이들에게 건강 운운하면서 스마트폰을 올바로 사용하라고 권하면 효과가 없을 때가 많습니다.

'무조건 규칙'으로 지키는
우리 아이 건강

대부분의 자녀는 부모의 스마트폰과 태블릿 PC를 직간접적으로 보고 사용하면서 첫 스마트폰을 갖기 전에 스마트 기기 사용을 경험합니다. 따라서 이때부터 바른 자세, 바른 사용 습관을 생활화해야 합니다. 무조건 지켜야 하는 바른 스마트폰 사용 규칙을 만들어 몸에 자연스럽게 밸 때까지 시행하는 것이죠. 저는 이걸 '무조건 규칙'이라고 부릅니다. 무조건 규칙이 강제적인 것 같아도 경우에 따라서는 의견 충돌 없이 빠르게 개선되는 효과가 있거든요.

소중한 자녀의 건강이 스마트폰 때문에 나빠지지 않도록 예방하고 관리해주세요.

빠르고 확실한 개선 효과가 있는 '무조건 규칙'

규칙 1. 스마트폰은 바른 자세로!
여기서 말하는 '바른 자세'란 스마트폰 화면을 눈높이에 맞추기, 고개를 숙이지 않고 팔 들기, 경추(척추뼈 가운데 가장 위쪽 목에 있는 7개의 뼈)를 C자 라인으로 유지하기, 허리 곧게 펴기입니다.

규칙 2. 스마트폰을 볼 때는 주변 조명이나 방 안을 밝게 하기.

규칙 3. 눈을 의식적으로 자주 깜빡이기.

규칙 4. 40~50분간 스마트폰을 보고 나면 10분 정도 먼 곳을 응시하면서 휴식 취하기.

규칙 5. 안구건조증 증상이 있을 때는 인공 눈물 또는 안약을 자주 넣고 쉬기.

규칙 6. 장시간 컴퓨터, 텔레비전, 스마트폰, 게임기 사용하지 않기.

규칙 7. 일상생활에서 틈틈이 스트레칭을 하고 목과 손목 돌리기.

슬기로운
스마트폰
사 용 법

넷

이거였구나!
시작부터 끝까지
잘 쓰는 성공 노하우

자녀가 디지털 문명사회로 달려가는 차에 올라탔습니다. 힘차게
페달을 밟고 꿈을 이루기 위한 운행을 시작했네요. 과속하지도
말고, 멈추지도 말고, 꿈의 종착지까지 즐겁고 안전하게 가려면
무엇이 필요할까요? 우리 어른들이 어떻게 도와주면 포노 사피
엔스로 살아갈 자녀가 행복한 미래를 맞이할까요?

우리 아이 첫 스마트폰, 선택부터 잘하자

구입 기준은
나이나 학년이 아니다

디지털 양육에 관심이 많은 부모님이 모인 강연장에서 어떤 어머니가 이렇게 물었습니다.

"아이가 스마트폰 사달라고 매일 조르기도 하지만 요즘 온라인 수업이 많아서요. 언제 사주면 좋을까요?"

"좋은 질문입니다. 어머님은 언제 사주고 싶으세요? 다른 부모님들은 언제 사주셨나요?"

약 1,500명이 넘는 부모님들의 응답을 모아봤습니다.

1위는 13세. 더 정확히 말하면 6학년 겨울방학 때, 졸업 겸 중학교 입학 선물로 사주는 것입니다.

2위는 11~13세. 초등 4학년부터 6학년 사이입니다.

3위는 10세. 초등 3학년 때입니다.

다음으로는 '8세, 초등학교 입학하면서' 또는 '14세 이후'가 비슷한 비율을 보였습니다.

학생들과 만나는 강의 현장에서도 매번 스마트폰 소유 여부를 체크하는데, 위의 응답 자료와 결과가 비슷했습니다.

그런데 이런 대략적 통계보다는 정답을 '콕' 찍어주는 걸 원하시죠? '몇 세 때 사주면 좋다' 하는 식으로요. 결론부터 말하면, 자녀의 첫 스마트폰 구입 기준을 발달 수준에 두면 좋습니다. 즉 언제의 기준을 나이나 학년보다는 자녀의 발달 수준으로 삼아야 한다는 것이죠. 더불어 부모의 지도 및 관리 능력도 염두에 둬야 합니다.

그 이유를 14세 아들을 둔 엄마의 하소연에서 찾아보겠습니다.

"선생님! 우리 애랑 옆집 애랑 동갑이에요. 그 집도 우리 집처럼 아이가 중학교 입학할 때 스마트폰을 사줬고요. 그런데 왜 그 집은 괜찮고 우리 집은 이 난리죠?"

편의상 A 가정, B 가정이라고 할게요. 두 가정 모두 아이가 중학교에 입학할 때 스마트폰을 사줬습니다. 기종도 중저가 폰으로 같았고요.

차이점이 있었다면 두 아이의 발달 수준입니다. A 가정의 아이는 자기통제력이 높고 약속을 잘 지키는 편이었어요. B 가정의 아이는 충동성, 과시욕, 승부욕은 높은데 욕구 조절 능력과 계획성은 부족했습니다.

자녀의 첫 스마트폰을 대하는 부모의 관리 능력 또한 달랐습니다. A 가정의 부모는 아이에게 스마트폰을 주기 전에 이렇게 제안했어요.

"우리 집 스마트폰 사용 규칙을 만들어야 하는데, 넌 어떤 규칙을 정했으면 좋겠니?"

그리고는 합의하에 적절한 사용 규칙을 정했습니다. B 가정은 이런 과정 없이 아이한테 스마트폰을 잘 쓰라고만 말했고요.

6개월 후, 두 가정은 어떻게 되었을까요? 출발점이 같았으니 노선도 같았을까요? 아닙니다. A 가정은 자녀의 스마트폰 사용 관리가 잘되고 있었지만 B 가정은 정반대였거든요. 스마트폰에 중독된 B 가정의 아이가 2학기가 시작된 것과 동시에 폭탄선언을 했어요. 최신 스마트폰으로 바꿔주지 않으면 학교에 가지 않겠다고 말이죠. 설마 했는데 아이가 진짜로 3일 연속 무단결석을 했습니다. 협박, 간청, 설득, 체벌, 애원 모두 안 통하자 엄마는 다급한 마음에 긴급 상담을 요청했어요.

"내일도 학교에 안 가면 어떡하죠? 휴대폰을 바꿔준다고 할까요? 그러다 스마트폰 중독 증세가 더 심해지면요? 괜씸한데 이러지도 저러지도 못하니까 미치겠어요!"

폰압은 몰폰으로 가는 지름길

　정도에 차이가 있을 뿐, B 가정 같은 집이 의외로 많습니다. 남다른 문제가 있는 것은 아니고, 어느 가정에서나 벌어질 수 있는 상황입니다. 자녀는 미숙한데 스마트폰의 유혹은 강력하거든요. 마치 체급이 맞지 않는 선수끼리 시합을 하는 격이랄까요? 이럴 때는 부모가 나서서 자녀의 체급을 올려줘야 합니다. 그렇지 않으면 자녀가 스마트폰에 끌려갈 수 있어요.

　적절한 통제가 필요할 때, 부모는 주로 어떤 방법을 쓸까요? 바로 폰압입니다. 효과보다 부작용이 많은 방법이죠. 우선 자기통제력 있는 자녀로 키울 기회는 사라집니다. 강제적인 압수를 싫어하는 아이와 스마트폰 전쟁을 벌여야 하고요. 우리 아이는 아니라고요? 스마트폰을 달라면 고분고분 준다고요? 초등학생이라면 그럴 수 있습니다. 그렇지만 중학생이 되면 상황이 달라집니다. 슬슬 몰폰을 하거나 잔꾀를 부리기 시작하거든요. 거세게 반항할 때도 있고요. 이럴 때 해결사 노릇을 하는 것이 부모의 지도 및 관리 능력입니다.

해답은 우리 집 상황에 맞는
구입 기준에 있다

자녀의 첫 스마트폰 구입 기준이 '자녀의 발달 수준'과 '부모의 지도 및 관리 능력'이라면, 구입 시기는 집마다 다르겠죠? '문샘의 똑똑! 현장 노트: 요모조모 살펴보자! 현명한 선택 노하우'를 참고해 여러분 가정에 맞는 구입 기준을 정하세요. 그럼 해답이 절로 나올 것입니다.

그런데 간혹 스마트폰 과의존이 염려된 나머지 구입 자체를 아예 미루는 분이 있죠. 그 마음, 충분히 이해합니다. 부작용이 한두 가지가 아니니까요. 그렇지만 이는 디지털 원주민 자녀를 디지털 원시인으로 만드는 방법입니다. 양육자의 지혜와 용기가 필요한 순간, 이 말을 음미해보면 어떨까요?

"어머니의 선물이 때로는 아이의 인생을 바꾼다."

어릴 때 어머니가 사준 컴퓨터 덕분에 세계적인 사업가이자 갑부가 된 빌 게이츠(Bill Gates)가 한 말입니다. 그는 저서 《미래로 가는 길》에서 진정한 자녀 교육에 대해 이렇게 말했습니다.

"자녀가 컴퓨터에 푹 빠지면 걱정하는 부모가 많겠지만 아이들이 컴퓨터에 매료되는 것은 당연하다. 그럴 땐 올바른 사용법을 알려주어 과몰입의 피해를 막으면 된다."

자녀의 첫 스마트폰도 마찬가지입니다. 때가 되면 자녀의 발달 수준에 맞는 휴대폰을 마련해주고, 바른 사용법을 알려주세요. 그 과정에서 '우리 아이 연령에 맞는 휴대폰은 뭐지?'라는 고민이 생길 수는 있습니다. 기종마다 성능과 장단점이 다르고 부모와 자녀의 선호도 또한 다르거든요.

자녀와 부모가 원하는
휴대폰이 다르다면?

부모에게 자녀의 휴대폰은 연락과 소통의 용도가 큽니다. 최신 기능보다는 안심 기능이 중요하고요.

그래서일까요? 자녀가 초등 저학년일 때는 보통 키즈폰(kids phone)을 많이 사줍니다. 어린이 전용 단말기 키즈폰은 기본 기능에 실시간 위치 확인과 긴급 통화 지원 같은 안심 기능이 있습니다. 웹 서핑(web surfing)과 앱 스토어(App store) 접근은 차단되고요. 부모가 동의하면 키즈폰 카카오톡을 설치할 수 있습니다. 이 밖에 앱 설치와 삭제부터 사용 시간 제한까지 보호자 통제가 가능합니다. 가격, 디자인, 휴대성 면에서 일반적인 스마트폰보다 아이가 사용하기에 좋고요.

단점이 있다면 사용 기간이 짧다는 것입니다. 자녀가 3학년쯤 되면 쓰기 싫어하거든요. 아이들 입장에서 생각해보면 그럴 만합니다. 하고 싶은 게임과 유튜브는 안 되는데 부모가 좋아하는 기능만 잔뜩 있으니 말이죠. 어떤 아이는 키즈폰을 사용하기 싫어진 이유를 이렇게 말합니다.

"3학년이 되니까 스마트폰을 가진 친구가 많아요."

아이 나름이지만 부러운 나머지 스마트폰으로 바꿔달라고 떼를 쓰기도 합니다. 물론 군말 없이 키즈폰을 계속 쓰는 아이도 있습니다. 효심에서 그런 건 아니고, 아무리 졸라도 끄떡없는 '넘사벽'[21] 부모라서 그렇습니다. 착하고 순해서 그냥 쓰는 아이도 있고요. 반면 키즈폰의 기능을 역이용하는 아이도 있습니다. 제가 상담한 10세 남학생은 실시간 위치 확인 기능을 교묘하게 활용합니다. 키즈폰이 든 가방을 학원 근처에 가져다 놓고 친구들이랑 놀러 가는 방식으로요.

키즈폰처럼 부모가 선호하는 기종이 또 있습니다. 바로 '공신폰'입니다. 전화, 문자, 음악, 사전, 카메라 같은 필수적인 앱 기능만 있고 인터넷 기능은 없는 폰입니다. 피처폰이랑 다른 점은 형태가 스마트폰이어서 유행에 뒤떨어져 보이지 않는다는 것입니다. 자녀가 학업에 전념하길 바라는 부모 사이에서 인기를 끌다가 코로나19 사태 이후 원격 수업 지원이 안 되어 주춤한 상태입니다. 전자 출입 명부 이용 시 QR코드를 못 찍는 등 불편한 점이 많아졌고요.

공신폰 사용에도 부모가 잘 모르는 자녀의 숨은 노력이 있습니다. 자녀 스스로 공신폰을 선택했다면 실속 있게 잘 쓰겠죠. 아닌 경우엔 공부할 시간에 공신폰 뚫는 법을 연구할 수도 있고요. '인터넷 100% 차단'이라는 업체의 광고를 너무 믿지 마세요. 실제로 유튜브나 포털 사이트에서 공신폰 뚫기와 관련된 자료가 손쉽게 검색됩니다. 요즘 아이들은 마음만 먹으면 몰폰, 몰컴(몰래 컴퓨터 하기) 기술을 얼마든지 배울 수 있습니다. 휴대폰을 대체할 수 있는 디지털 기기도 다양하고요.

다른 기종의 휴대폰도 마찬가지입니다. 어떤 부모는 스마트폰에 중독될까 봐 일부러 성능이 떨어지는 오래된 휴대폰을 물려줍니다. 아이들 사이에서 일명 '똥폰'이라고 불리는 폰이죠. 똥폰을 쓰는 아이들 혹은 고학년인데 키즈폰을 쓰는 아이들은 창피한 나머지 휴대폰이 아예 없는 것처럼 행동합니다. 바꾸고 싶은 마음이 간절해지면 일부러 파손, 침수 등 극단적 방법을 감행한 뒤 천연덕스럽게 거짓말을 할 때도 있고요.

이와는 반대로 자녀가 원하는 최신 기능의 고가 폰을 사주면 어떨까요? 통 큰 부모 덕분에 행복한 아이가 될까요? 잠깐뿐입니다. 자제력 없이 사용하면 괴로울 때가 훨씬 더 많지요.

한마음 한뜻으로 부모와 자녀가 원하는 휴대폰이 같으면 얼마나 좋겠습니까? 그렇지만 대개는 다르죠. 달라서 갈등이 생깁니다. 이때 구매자이자 관리자인 부모의 입장만 고수하면 앞서 말한 사례들처럼 부작용이 속출합니다. 되도록 휴대폰 사용자인 자녀의 욕구와 심리도 헤아려야 합니다. 사정이 생겨도 자녀랑 한 약속은 지켜야 하고요. 결정 권한이 부모에게 있어도, 휴대폰 기종은 부모와 자녀가 서로 의견을 나누고 절충하는 과정을 통해 결정하세요. 그래야 자녀가 부모의 사용 지도를 잘 따릅니다.

문샘의 똑똑! 현장 노트

요모조모 살펴보자! 현명한 선택 노하우

1. 뇌 건강과 신체의 균형 잡힌 발달을 우선순위로 한다면 14세 이후에 사줄 것을 추천합니다.

2. 필요에 의해 8~14세 이전 자녀에게 스마트폰을 사줄 경우 연령대에 맞는 스마트폰을 소유가 아니라 렌트(rent)와 반납의 개념으로 쓰게 합니다.

3. 혹시라도 8세 이전 자녀에게 스마트폰을 선물할 생각이라면 잠시 그 생각을 접어두세요. 학령기 이전 아이는 디지털 기기와 멀리하면 할수록 좋습니다.

4. 모든 연령대 자녀에게 고가의 스마트폰은 안 좋습니다. 비용, 관리, 도난의 문제뿐 아니라 한번 올라간 눈높이는 내려오는 법이 없기 때문입니다.

5. '공짜 폰, 0원!' 이벤트에 혹하지 마세요! 무료인 것처럼 포장한 마케팅과 영업 형태입니다. 비싼 요금제와 부가 요금제 유지, 신용카드 결합 등의 조건이 붙기 때문에 득과 실을 잘 따져보고 선택해야 합니다.

6. 초등 저학년 때는 키즈폰 또는 각종 피처폰을 써도 괜찮습니다. 그나마 이 시기가 부모의 선택과 지도를 따르는 동심이 살아 있거든요.

슬기로운 스마트폰 생활

7. 초등 고학년 때는 자녀의 발달 수준과 환경 여건에 따라 피처폰과 스마트폰 중 어떤 것이 좋을지 장단점을 따져 선택합니다. 참고로 피처폰을 선택하는 주된 이유는 저렴한 가격과 휴대폰 과의존 위험성이 낮아서인데, 과의존 여부가 단순히 기종에 좌우되는 것은 아닙니다. 피처폰을 오래 썼다고 해서 스마트폰에 빠질 확률이 낮아지는 것도 아니고요. 자녀의 자기통제력이 관건입니다.

8. 중학생부터는 대부분 스마트폰을 선택하지만 기종과 요금제는 각 가정의 상황에 따라 다양합니다. 어떤 기종의 요금제를 쓰든 시간 관리 앱, 유해물 차단 앱, 원격 제어 프로그램, 결제 차단 수단 등을 활용해 자녀의 스마트폰을 안전하게 관리하는 센스가 필요하다는 것, 잊지 마세요.

성공적인 스마트폰 사용 규칙 만들기

"선생님! 제게도 드디어 스마트폰이 생겼어요. 보실래요?"

학생 상담 때 성적 자랑을 들어본 기억은 별로 없는데, 스마트폰 자랑은 많이 듣습니다. 그만큼 즐겁고 좋다는 것이겠죠? 그 기쁨에 동참하는 차원에서 무슨 기종을 샀는지, 어떤 기능이 좋은지, 어떤 앱을 설치했는지 이런저런 이야기를 나누면서 구경하다가 슬며시 물어봅니다.

"그런데 스마트폰 사용 규칙도 만들었니?"

"네? 아니요, 안 만들었는데요."

자녀에게 스마트폰을 마련해줄 때, 스마트폰만 달랑 주는 부모는 별로 없습니다. 파손을 막기 위해 스마트폰에 보호 필름도 붙여주고 케이스도 씌워주죠. 그런데 정작 가족의 행복을 지켜주는 스마트폰 사용 규칙 만들기와 실천에는 소홀합니다. 스마트폰으로 가족 간에 갈등이 생겼을 때, 사용 규칙이 있으면 해결하기가 훨씬 쉬운데 말이죠.

잘 만들어서
제대로 지키게 하려면

처음에 만든 스마트폰 사용 규칙이 끝까지 잘 지켜질까요? 며칠 열심히 하다가 흐지부지되기 십상입니다. 새해가 밝아오면 금연, 금주, 다이어트 등 다양한 계획을 세우지만 작심삼일로 끝나는 것과 비슷하죠. '괜히 했네! 괜히 했어!'라는 후회가 들 땐 이렇게 서로를 격려해보세요.

"와! 그래도 3일은 지켰네. 오늘은 어차피 망했으니까 서로 재충전의 시간을 갖고 내일부터 다시 시작하자. 이번에는 5일을 목표로 해볼까?"

5일이 지켜지면 7일로 늘립니다. 안 지켜지면 현실 수준에 맞게 목표 기간을 다시 설정하고요. 이렇게 계속 전략을 수정하고 실천하다 보면 5일이란 숫자가 어느새 365일로 바뀌어 있을 것입니다. 저도 이 '되돌리기' 과정을 반복 중입니다. 아들에게도 스마트폰 사용 규칙 적용이 제 옷처럼 익숙해졌습니다. 처음 반강제적으로 참여할 때는 "나에게도 자유를 달라! 나도 내 맘대로 하고 싶다!"라는 불만을 제기했거든요. 몰폰 꼼수도 부려보고요. 벌칙을 따르지 않겠다고 반항할 때도 있었습니다. 지금은 스스로 알아서 하는 수준이 되었지만요.

새로운 환경 적응과 개선에는 기다림의 시간이 필요합니다. 그렇게 한 단계 한 단계 인내하면서 올라가다 보면 '스마트 가족'이란 행복을 만날 수 있습니다.

스마트폰 사용 규칙, 이렇게 만들면 성공한다

1. 스마트폰 사용 규칙은 3~4개 정도로

어떤 부모는 제대로 잘 만들자는 마음이 앞서 10개가 넘는 규칙을 만들기도 합니다. 자녀 입장에서는 보기만 해도 질리고, 무슨 규칙이 있었는지 하나도 기억이 안 납니다. 부모 혼자 기억하고 꼼꼼하게 적용할 수는 있지만 결과적으로 시행 효과가 떨어지죠. 부모가 감시자+감독관처럼 되면 자녀는 "안 해!", "못해!" 카드를 꺼내 들거든요.

2. 적용은 융통성 있게

'우리 집 스마트폰 사용 규칙'이라는 제목부터 씁니다. 다음은 1번부터 4번까지 번호를 달고 합의한 내용을 적고요. 시행 후 결과를 점검해봤더니 1번과 2번은 잘 지켜진다면 그 내용을 다른 것으로 바꿉니다. 한번 정한 사용 규칙은 불변이 아니라 필요에 따라 계속 수정 가능하거든요.

3. 사용 규칙은 양육 환경에 맞게

강연장에서 만난 어떤 학부모가 이런 질문을 했어요.
"어느 기사에서 본 스마트폰 바른 사용법을 따라 했는데, 안 지켜졌어요. 효과도 없었고요."
실효성이 없는 게 당연합니다. 표준화된 제안을 그대로 따랐으니까요.
아무리 좋은 제안도 우리 집 전용 규칙이 아니면 효과가 떨어집니다. 구체적인 예를 들어볼게요. '바른 스마트폰 사용 가이드라인' 중 '할 일이나 과제를 먼저 한 다음에 스마트폰을 한다'라는 내용이 있습니다. 바람직한 제안이죠. 스마트폰에 몰입하다 보면 할 일을 미루거나 대충 할 때가 많으니까요.
그래서 이 조항을 '우리 집 사용 규칙'으로 만들면 안 지켜질 때가 허다합니다.

자녀의 욕구와 특성이 반영되지 않았거든요. 불만 가득한 자녀의 아우성, 들어볼까요?

"등교하는 순간부터 하교 시간만 손꼽아 기다려요. 스마트폰 보면서 쉴 수 있잖아요. 제일 짜증 날 때요? 학원 가기 전에 잠깐 보고 있는데, 스마트폰은 학원 갔다 와서 하라고 못하게 할 때요. 갔다 오면 밥 먹고 숙제하라 그러고, 조금 있으면 자야 한다고 그러고. 어휴, 잔소리에 또 잔소리!"

어른도 틈틈이 스마트폰과 함께 자유 시간을 갖고 싶어 합니다. 그런데 아이는 오죽하겠어요? 간섭과 통제를 견디다 못하면 부모의 눈길이 미치지 않는 곳에서 스마트폰을 사용합니다. 마음만 먹으면 길가, 학원, 화장실, 학교 운동장, 이불 속 등 어디서나 몰래 할 수 있거든요. 부모가 자녀의 스마트폰 사용 시간을 잘 관리하는 듯 보이지만 결과적으로는 스마트폰의 무분별한 사용을 부추긴 셈이죠.

4. '몇 시부터 몇 시까지'보다 '몇 시에 확인'이 더 효과적

1일 스마트폰 사용 시간을 정할 때, 자녀의 의견과 특성을 반영하지 않고(또는 반영했다 할지라도) '몇 시부터 몇 시까지'로 타이트하게 정해놓으면 잘 안 지켜집니다. 여러 변수를 고려하지 않았기 때문입니다.

현장 강의와 상담 때 효과를 본 방법은 '몇 시에 확인하기'입니다. 초등학생 자녀를 예로 들어볼게요.

1일 스마트폰 사용 시간: 2시간 이내 / 확인 시간: 밤 9시

이렇게 사용 규칙을 정했다면 '스마트폰 프리 타임'을 제외한 스마트폰 사용은 자녀의 자유입니다. 양육자는 밤 9시에 시간 관리 앱을 이용해 그날 총 사용 시간을 체크하면 되죠. 만약 정해진 2시간보다 30분을 더 했으면 다음 날 사용 시간에서 30분을 뺍니다. 즉 다음 날 사용 시간은 1시간 30분이 되는 거죠. 2시간을 더 했으면 다음 날은 아예 스마트폰을 사용하지 말아야 합니다. 그리고 확인 시간이 곧 스마트폰 종료 시간입니다. 확인이 끝나면 미리 정한 보관 장소에 스마트폰을 가져다 놓습니다.

5. '스마트폰 프리 타임'으로 안전하게

사용 규칙에 반드시 넣어야 할 내용 중 하나가 '스마트폰 프리 타임'입니다. 구체적으로 설명하면 '스마트폰을 사용하면 안 되는 시간과 장소 정하기'입니다. 등교전, 식사 시간, 잠자리, 밤 몇 시 이후부터 새벽 몇 시까지 등이 대표적인 예입니다.

6. 실천 의지를 높이는 보상과 벌칙 제도를 마련

애써 만든 스마트폰 사용 규칙이 안 지켜질 때는 규칙만 있고 보상과 벌칙이 없어서입니다. 쉬운 예를 들어보겠습니다.

평일(월~금요일) 하루 사용 시간 2시간을 모두 잘 지키면 주말에 보너스 2시간 더(보상)

모두 안 지키면: 주말은 스마트폰 쉬기(벌칙) / 일부 안 지키면: 다음 날 사용 시간에서 차감(벌칙)

부모는 몰라도 자녀는 보상과 벌칙 제도가 없으면 사용 규칙을 지키는 척하다가 맙니다. 보상과 벌칙의 내용을 정하는 요령은 '각자 제안+서로 합의'입니다.

7. 몰아서 하지 말고 매일 정해진 시간만큼만

코로나19 사태 이전에는 부모들이 평일에 디지털 기기 사용을 금하고 주말과 휴일에 몰아서 허용하는 경우가 많았습니다. 평일에는 학교와 학원에 다녀와서 숙제하고 자기만 해도 시간이 빠듯하니까요. 얼핏 보면 효율적인 사용법 같지만 안 좋습니다. 식단에 비유하면 '5일은 금식, 2일은 폭식'이거든요. 허기가 극에 달하면 과식을 하는 것처럼 애타게 주말만 기다린 아이는 스마트폰을 하는 순간부터 절제 따윈 안중에 없습니다. 최대한 많이 해야 한다는 일념뿐이죠. 그래서 자녀가 스마트폰에 몰입했을 때 "밥 먹을래?"라고 물어보면 대개 "아니, 배 안 고파!"라고 대답합니다. 매일 정해진 시간만큼 적당히 하다가 일주일에 한 번 디지털 디톡스(digital detox)를 하는 방식이 좋습니다(디지털 디톡스에 대한 이야기는 다음 장에서 자세히 다루겠습니다).

8. 사용 규칙 작성의 마무리는 날짜와 서명

별것 아닌 것 같지만, 작성한 날짜와 가족 구성원의 자필 서명이 '있고 없고'의 차이가 컸습니다. 서명하는 순간 기재된 내용에 책임을 지겠다는 무언의 약속과 결심을 다지는 효과가 있거든요.

9. 문서화 작업은 실천의 틀이 잡힐 때까지만

마침내 '우리 집 스마트폰 사용 규칙'을 문서로 완성했다면 식구들이 모두 잘 볼 수 있는 곳에 붙여놓습니다. 자녀가 "엄마! 저거 없어도 잘할 테니까 제발 좀 떼!"라고 기특한 항의를 할 때까지요. 그때쯤이면 규칙을 실천하는 틀이 잡혀 일일이 문서화하는 과정은 생략해도 괜찮습니다. 자녀뿐만 아니라 가족 구성원 모두 어느 정도는 자제력 있게 스마트폰을 사용하거든요. 상상만 해도 참 평화로운 광경이죠?

잠시 쉬면 디지털 문명을 창조할 기운이 UP!

03

디지털 디톡스가 선사한
힐링의 경험

아들이 열두 살 때 강원도로 여행을 떠난 적이 있습니다. 저는 운전을 하고 아들은 뒷자리에 반려견과 함께 앉아 있었지요. 평소 같으면 서울을 벗어났는지도 모르게 스마트폰 게임에 열중했겠지만 그날은 달랐습니다. 스마트폰 사용 규칙을 어긴 벌칙으로 '일주일간 스마트폰 안 하기'를 실천 중이었거든요. 출발한 지 30분쯤 지나자 아들이 심심해 죽겠다는 말을 연발합니다. 1시간이 다 되어가니 지루함에 몸부림을 치고요. 그냥 놔뒀습니다. 이후에 일어날 잔잔한 변화를 아니까요. 아니나 다를까, 1시간이 넘어가자 아들이 갑자기 반려견의 이름을 부르더군요.

"루피, 형이랑 놀까?"

뒷좌석이 소란스러워졌습니다. 잠시 후 조용해졌고요. 자나 싶어 백미러로 슬쩍 봤더니 아들은 차창 밖 마을 풍경을 바라보고 있었어요. 잠시 뭔가를 유심히 보다가 불쑥 이런 질문을 던졌습니다.

"엄마, 저 시골 전봇대는 왜 삐뚤어졌어?"

깜짝 놀라서 한바탕 웃은 기억이 지금도 생생합니다. 스마트폰과 동행한 여행에서는 한 번도 들어보지 못한 말이었거든요. 침묵 아니면 이런 말을 주로 들었죠.

"엄마, 몇 시야? 몇 분 후에 스마트폰 할 수 있어?", "숙소에 언제 도착해? 도착하면 휴대폰 줄 거지?", "아, 빨리 도착했으면 좋겠다. 너무너무 지루해!"

비단 제 아들만의 이야기는 아닐 겁니다. 스마트폰에 빠져서 영혼 없는 가족 여행을 하는 아이들이 흔하거든요. 심지어 어떤 아이는 가족 여행 자체를 싫어합니다. 여행 코스보다 와이파이가 되는지 여부부터 물어보고요. 오랫동안 이동한 끝에 관광지에 도착했는데, 차에서 스마트폰을 하겠다는 아이도 더러 있었습니다.

또래 아이들끼리 모여 있을 때도 스마트폰의 영향력을 확인합니다. 한 예로 초등 고학년 아이 3명을 데리고 야외 집단 상담 프로그램을 진행했을 때 일입니다. 차에 올라타 목적지까지 가는 동안 3명 모두 스마트폰 하느라 정신이 없어 고개를 들지 않더군요. 이건 아니다 싶어서 돌아올 때는 스마트폰 사용을 금지했습니다. 그랬더니 차 안이 도떼기시장처럼 시끌시끌했습니다. 저렇게 잘 떠들고 잘 놀 수 있는데 어떻게 그리도 조용했나 싶을 정도로요.

창의력의 원천, 디지털 디톡스!
생활 속 실천 비결은?

디지털 디톡스는 디지털 기기의 사용을 중단하고 휴식하는 방법입니다. 디지털 기기를 지나치게 오래 사용해 생활과 관계의 균형이 무너질 때, 다수의 전문가가 디지털 디톡스를 권합니다. 신문명의 주체인 자녀들이 디지털 세상에서 중심을 잡고 디지털 기기와 조화롭게 살아가기 위해 꼭 필요한 처방이죠.

실제로 해보면 치유 효과가 좋습니다. 그래서 저는 상담과 강의를 할 때마다 디지털 디톡스를 실천 과제로 내줍니다. 대체로 부모는 환영하고 자녀는 불만입니다. 자녀의 경우 상상만 해도 심심하거든요. 도대체 뭘 하면서 시간을 보내야 할지 아이디어도 없고요.

디지털 디톡스를 반긴 부모도 막상 해보면 난감합니다. 미처 생각하지 못했던 현실적 문제를 맞닥뜨리기 때문입니다. 다음 사례들처럼요.

사례1　스마트폰 과의존 증세가 심각한 10세 자녀와 엄마가 가족 상

담을 받았습니다. 협의하에 그 집만의 스마트폰 사용 규칙을
만들고 디지털 디톡스를 주말 과제로 내줬습니다. 그리고 일
주일 후, 상담 온 어머니에게 물었습니다.

"가족 모두 주말을 잘 보내셨는지 궁금하네요. 디지털 디톡
스는 실천하셨어요?"

"아뇨, 잘 못했어요. 막상 해보니까 쉽지 않더라고요. 애는
심심하다고 놀아달라고 계속 보채는데, 남편이 협조를 안 해
서요."

"아버님이 어떤 협조를 안 하셨는데요?"

"사실 아이 아빠도 중독 증세가 좀 있거든요. 휴일에는 하루
종일 텔레비전이랑 스마트폰을 끼고 살아요. 그런데 애 때문
에 아무것도 못 보니까 힘든가 보더라고요. 몇 시간 지나니
까 자기는 못하겠대요. 애랑 둘이서 하라는데, 아이가 그 말
을 따르겠어요? 아빠가 안 하면 자기도 안 하겠다고 하죠."

사례2 부모가 게임에 푹 빠진 두 아들에게 디지털 디톡스를 제안했
습니다.

"일요일에는 디지털 기기 사용을 모두 멈추고 대안 활동을
해보자."

처음엔 나름 성과가 있었습니다. 온 가족이 함께 나들이도
가고, 두 아들이 좋아하는 레고와 건담 프라모델도 사주면서

건강한 휴일을 보냈습니다.

그런데 몇 번 하고 나니 대안 활동 아이디어가 떨어졌습니다. 계속 지출되는 대안 활동비도 부담스럽고요. 부모의 고민이 깊어가던 중 코로나19 사태가 터졌습니다. 집콕 하는 시간이 길어지면서 스마트폰 쓸 일은 많아졌고요. 결국 디지털 디톡스는 흐지부지 없던 일이 되어버렸죠.

두 가정의 실패 원인은 무엇일까요? 분석을 통해 성공 비법 세 가지를 알려드립니다.

1. 자녀가 디지털 기기 사용을 멈춘 시간을 즐기면 다행이지만 아닌 경우가 더 많습니다. 대부분 이런 반응을 보이면서요.

> 호소 작전 : "뭘 하지?", "할 게 없어!", "심심해!", "놀아줘!", "이걸 꼭 해야 돼?"
> 호소가 먹히지 않으면 : 뒹굴뒹굴 시체놀이, 무기력하게 계속 잠자기, 멍 때리기

부모는 자녀가 이러한 과정을 잘 견딜 수 있게 도와줘야 합니다. 무료한 감정을 수용하되 스스로 극복할 때까지 내버려두고 기다려주는 방식으로요.

부모들이 양육 시 흔히 하는 실수 중 하나가 즉각적인 대응입니다. 자녀가 어떤 문제를 호소하면 그 즉시 대답이나 조언을 해줘야 한다는 조바심이 있거든요. 이러한 양육 방식에 익숙해지면 자녀는 문제 해결을 위한 발상과 행동을 덜합니다. 오히려 극성맞게 부모를 조르는 생존 방식을 강화하죠.

창의력의 원천은 심심함입니다. 즉 아이를 심심하게 만들어야 새로운 활동을 찾아 나서고 이것이 창의적인 뇌 발달로 이어집니다. 제가 만난 아이들이 그랬습니다. 심심함의 터널을 지나갈 때까지 묵묵하게 기다려주면 뭔가를 시작합니다. 책도 보고, 처박아놨던 보드게임도 하고, 그림도 그리고, 수집품도 정리하고, 요리도 만들어 먹고, 스스로 뭔가를 합니다. 부모가 먼저 나서서 제안할 필요 없어요. 그냥 자녀의 선택을 기다리다가 동참을 요청하면 같이 놀아주고, 아니면 각자의 휴식 시간을 즐깁니다.

2. 디지털 디톡스를 시작했는데, 부모와 자녀 모두 활동 아이디어가 없어 실천을 못 할 때가 있습니다. 이럴 경우를 대비해 미리 가족회의를 통해 활동 목록을 만들거나 계획을 세워놓으면 좋습니다. 그럼 준비된 마음으로 디지털 디톡스를 즐길 수 있거든요.

3. 디지털 디톡스의 기본 원칙은 가족이 다 함께 참여하는 것이지만 현실적으로 어려울 때가 많습니다. 특히 요즘같이 디지털 기

기 사용 비중이 높아진 코로나19 시대에는 더욱 그렇죠. 주말 하루는 고사하고 몇 시간 동안 디지털 기기를 손에서 놓는 것도 어렵습니다. 이럴 땐 '따로 또 같이' 방법을 활용하면 좋아요. 가족 구성원 각자의 라이프스타일에 맞게 디지털 기기를 쓰되 일상생활에서 쉽게, 부분적으로 할 수 있는 디지털 디톡스를 우리 집 사용 규칙으로 만들어 함께 실천하는 겁니다.

따로 또 같이

1) 잠자리에 스마트폰 가져가지 않기
2) 주말에 몇 시간만이라도 SNS와 모바일 메신저에서 알람 기능 끄고 스마트폰 보지 않기
3) 일주일 중 단 1시간만이라도 텔레비전을 포함한 디지털 기기에서 해방되는 시간 갖기
4) 평소에 본인의 스크린 타임을 체크하는 습관을 들여 디지털 디톡스에 대한 실천 의지 높이기

구글을 세계 최고의 기업으로 키워낸 에릭 에머슨 슈미트(Eric Emerson Schmidt) 회장도 디지털 디톡스의 중요성을 이렇게 강조했습니다.

"하루 1시간만이라도 휴대폰과 컴퓨터를 끄고 사랑하는 이의 눈을 보면서 대화하세요!"

디지털 디톡스를 경험한 여러 가족도 입을 모아 말합니다. 잠시라도 디지털 기기에서 해방되었다가 돌아오면 일상생활을 더 활력 있게 잘할 수 있었다고 말입니다.

　디지털 디톡스를 단순히 디지털 문명에 역행하는 아날로그적 활동이라고 여기는 것은 짧은 생각입니다. 오히려 반대입니다. 움츠린 개구리가 더 멀리 뛰는 것처럼, 발전적인 미래를 향한 도약의 원천입니다.

온·오프라인 세상을 즐겁게 오가는 힘, 대안 활동

대안 활동은 '인터넷과 스마트폰 대신 하는 놀이나 취미 활동'을 말합니다. 대안 활동 아이디어가 많으면 많을수록 스마트폰 의존도는 낮아집니다.

스마트폰 과의존 상담에 참여한 아이들에게 "무엇 때문에 정해진 사용 시간을 못 지켰나요?"라고 물었습니다. 여러 답변 중 1·2·3위를 차지한 것이 "할 게 없어요", "심심해요", "습관이 됐는지 나도 모르게 손이 가요"라는 대답이었습니다.

이 대답을 들은 부모는 안타까운 마음에 이런 조언을 하고요.

"아유, 할 게 왜 없을까? 공부랑 숙제를 하면 되는데…."

대안 활동에 대한 이해가 다르고 아이디어가 부족해서 생긴 현상입니다.

대안 활동에 대한
솔직한 고백과 장단점

'고기도 먹어본 사람이 잘 먹는다'라는 속담이 있죠? 대안 활동도 마찬가지입니다. 스마트폰 외에 다양한 활동을 체험해봐야 대안 활동 아이디어가 풍부한데, 요즘 우리 아이들은 안쓰러울 정도로 놀이에 대한 발상이 빈곤합니다. 스마트폰에 푹 빠지면 하고 싶은 활동이 없어지기도 하고요.

더러 대안 활동 아이디어가 넘치는 아이도 있었습니다. 30개가 넘는 대안 활동을 제안할 정도로 하고 싶은 것이 많았는데, 그중 3개만 실천했다고 하더군요. 이유를 물어보니 부모가 들어주지 않았기 때문이라고 했습니다. 전부 들어주기엔 비용, 시간, 여력이 안 되고 다소 황당한 활동도 있었거든요.

대안 활동에 대한 부모들의 속내를 들어보니, 대부분 대안 활동 자체는 긍정적으로 생각합니다. 대안 활동 덕에 자녀가 스마트폰을 적당히 사용하면 좋은 일이니까요. 문제는 실천 과정입니다. 자녀도 대안 활동을 환영한다면 모를까, 아니면 애를 먹습니다. 또 어떤 경우에는 현실적인 여건 때문에 부모가 난색을 표할 때도 있고요. 다음의 경우처럼요.

"우리 아이는 레고랑 프라모델 조립을 좋아해요. 그런데 가격이

몇만 원씩 하잖아요. 비싼 건 10만 원도 넘고요. 그래서 레고 교실을 이용하긴 하는데, 나갔다 하면 다 돈이니까 솔직히 대안 활동비가 부담스러워요."

"스마트폰을 안 하는 건 좋은데, 층간 소음이 문제예요. 아이가 집에서 뛰어놀아서요."

"아이가 할 게 없다는데, 저도 딱히 권할 게 없어서 그냥 있다 보니 애가 텔레비전을 보더라고요."

"같이 놀아달라고 하는데, 체력이 안 돼서 힘들어요. 밀린 집안일도 많고요."

들고 보니 난감해할 만하죠? 사실 스마트폰이 아이들 심신 건강에 해롭지 않고 학습에 방해가 되지 않는다면, 그리고 유료 결제의 위험도 없다면 최고의 가성비를 자랑하는 놀이 도구입니다. 초기 구입비와 통신비는 들지만 와이파이가 되는 곳에선 무제한으로 할 수 있고요. 게다가 아이 혼자 알아서 잘 놉니다. 다양한 콘텐츠가 넘쳐나니 다른 활동이 필요 없고요. 가만히 앉아서 할 때는 부상의 위험도 없습니다. 잘만 사용하면 디지털 인재가 될 수도 있죠.

부모들도 다 압니다. 스마트폰의 이러한 장점을요. 그래서 어떤 부모는 자녀의 스마트폰 사용을 슬며시 묵인합니다. 다른 대안 활동과 비교했을 때 상대적으로 부모의 시간, 돈, 체력이 덜 들어가거든요.

부모가 선호하는 대안 활동을 강요하는 경우도 있습니다. 바로 독서와 공부입니다. 만약 자녀도 좋아한다면 최고의 대안 활동이지만 아니면 최악입니다. 대안 활동의 의지를 단숨에 꺾고 스마트폰에 더 집착하게 만들거든요. B(14세, 남)의 상담 사례처럼요.

B는 게임 외 활동엔 전혀 관심이 없었습니다. 상담을 받으러 왔을 때 학원도 모조리 끊고 학교만 겨우 다니는 상태였고요. 이런 아들을 볼 때마다 엄마의 속은 새까맣게 타들어갔습니다. 반은 체념했지만 여전히 외아들에 대한 기대와 교육열이 남아 있었거든요. 다행히 B는 상담을 받으면서 게임 사용 시간을 줄여나갔습니다. 예전에 좋아하던 카이로봇 만들기에 다시 취미를 붙였고요.

그렇게 게임 과의존에서 벗어나는가 싶었는데, 어느 날 문제가 생겼습니다. 아들의 변화에서 희망을 본 엄마가 그동안 시키지 못한 공부에 대한 압력을 다시 가하기 시작했거든요. 대안 활동을 핑계 삼아서요. 엄마랑 대판 싸우고 상담실을 찾은 B는 이렇게 말했습니다.

"게임 시간을 괜히 줄였어요. 그냥 전처럼 다시 게임할래요. 그럼 학원 다니라는 말은 못 할 테니까요."

'뭘 하면서 놀까?'라는
즐거운 고민에서 샘솟는 창의력

'어떤 대안 활동을 할까?'라는 고민을 하는 순간부터 뇌는 해답 찾기 모드에 들어갑니다. 이때 창의력을 발휘하면 두뇌가 풀 가동되면서 긴 활동 목록이 생겨나죠. 창의력 대신 평범한 생각이 발동하면 2~3개 목록에 그치고요. 그 차이를 '대안 활동 선정 요령'을 중심으로 살펴보겠습니다.

대안 활동 선정 요령

필수조건 30분 이상 할 수 있는 활동, 혹은 종류는 같거나 달라도 주 2회 이상 할 수 있는 활동.

선택사항 혼자도 괜찮지만 기왕이면 친구나 가족과 함께 할 수 있는 활동. 비용이 많이 드는 활동은 NO! 저렴하고 쉽게 할 수 있는 활동은 YES! 즐겁고 재미있는 대안 활동, 자신의 취향에 맞는 활동.

만약 부모가 초등학생 자녀에게 "너는 대안 활동으로 뭘 하고 싶니?"라고 물었는데, 자녀가 이렇게 대답합니다.

"사과 먹기!"

대안 활동이 될까요? 안 되죠. 그런데 실제로 많은 초등학생이 과일뿐 아니라 과자, 라면, 고기, 치킨, 피자 먹기 등과 같은 활동을 제안하곤 합니다.

자녀가 이처럼 단순한 활동을 제안했을 때, 부모의 반응도 평범하다면 아래와 같은 방식으로 대화가 흐를 가능성이 높습니다.

"아, 그래? 그런데 뭘 먹는 건 안 돼. 10분이면 끝나잖아. 다른 아이디어를 내봐."

"음, 그럼 강아지 키우기 어때?"

"강아지를 어떻게 갑자기 키워? 반려동물은 우리 집 형편상 못 키우는 거 알잖아. 강아지 말고 식물을 키워보는 건 어때?"

"싫어, 그건 엄마가 좋아하는 거잖아. 재미없어."

"그럼 운동은? 너 전엔 수영하는 거 좋아했잖아."

"이젠 싫어. 운동은 귀찮고 힘들어."

"그럼 뭐가 하고 싶은데?"

"글쎄, 뭘 하지? 뭘 할까?"

가족 상담 때 경험한 대화의 한 토막입니다. 이 가족뿐만 아니라 다른 가족 사이에서도 이런 식의 대화가 오갔고요.

'사과 먹기' 아이디어로 돌아가 이번에는 부모의 창의력을 발휘해보겠습니다.

"아, 사과 먹기? 사과가 먹고 싶은가 보구나. 그런데 대안 활동의 조건에 안 맞아. 대신 이렇게 할 수는 있지. 사과와 관련된 요리가 뭐지?"

"음, 사과잼? 애플파이? 사과가 들어간 과일샐러드?"

"맞아, 그 밖에 사과주스도 있고, 사과를 넣은 카레도 있지. 생각해보면 더 많지만 어떤 사과 요리가 제일 먹고 싶어? 엄마랑 같이 만들어볼까?"

엄마는 번거롭지만 대부분의 아이들은 좋아합니다. 평소 요리에 관심이 많고 먹는 것을 좋아하는 자녀라면 더욱더 즐거워하고요. 그런데 만약 자녀가 요리 말고 미술에 관심이 있다면 어떻게 할까요? 사과를 주제로 한 그림 그리기, 만들기, 종이접기 등을 대안 활동으로 제안하면 좋습니다. 사과 캐릭터 디자인부터 사과 모양에서 시작하는 연상 그림 놀이, 천사토로 사과 조형물 만들기, 사과 모양의 디폼 블록 조립하기 등 조금만 발상을 전환해보면 대안 활동 거리가 주변에 널려 있습니다.

아이가 과학을 좋아한다면 뉴턴의 '만유인력의 법칙'과 관련된 퀴즈 놀이에서 시작해 독서 등의 대안 활동으로 연결하면 좋고요. 국어, 영어, 음악, 체육도 마찬가지입니다. 자녀가 제공한 활동 단서에 창의력이라는 날개를 달면 대안 활동의 종류가 무궁무진하거든요. 이런 식으로 몇 번 대안 활동을 찾는 요령을 알려주고 나서 부모는 슬그머니 뒤로 물러납니다. 자녀 스스로 창의력의 엔진을 돌릴 수 있도록 말이죠.

대안 활동에 소요되는 비용도 창의적으로 생각하면 줄일 수 있습니다. 근사한 곳으로 가족 여행을 가고, 비싼 장난감 또는 완제품을 사줘야만 즐겁고 만족스러운 대안 활동이라는 생각은 고정관념입니다. 경제적 여건이 된다고 해도 저는 그다지 추천하지 않습니다. 자녀의 창의력 발달과 교육 효과, 바른 인성 함양 등 여러 면을 고려했을 때 너무 비싼 대안 활동은 좋지 않아요. 그리고 이런 활동은 일회성에 그치기 쉽습니다. 오히려 집 주변 놀이터나 공원 같은 장소에서 함께 운동을 하거나, 흔한 재료에 창의적인 아이디어를 보태면 더 생산적인 활동이 됩니다.

저의 경우를 예로 들어볼까요? 학생들과 대안 활동을 탐색할 때 바둑알, 수건, 종이컵, 휴지, A4 용지 등과 같이 평범한 재료를 놓고 아이디어 대결을 합니다. 바둑알의 경우 궁리하기에 따라 응용 가능한 놀이가 50가지도 넘습니다. 오목과 알까기는 기본이고 팽이, 사격, 축구, 농구, 추리, 보물찾기, 컬링 등 다양한 종목 대결을 할 수 있습니다. 이 방법은 초등학생뿐 아니라 중고등학생도 재미있게 참여합니다. 참고로 청소년의 경우 부모와 몸으로 어울려 노는 활동보다 보상을 건 대결 구도의 놀이, 보드게임, 친구랑 만나 놀기 등 자신만의 취미를 만끽할 수 있는 대안 활동을 선호하는 경향이 있습니다.

대안 활동이 시대에 뒤떨어진 아날로그 활동 중심이라는 생각도 선입견입니다. 요즘은 다가오는 미래 사회를 대비하기 위해 코딩 로봇 만들기를 비롯해 4차 산업혁명과 관련된 체험 활동을 많이 하거든요.

스마트 미디어의 안과 밖을
모두 즐길 수 있는 능력자

디지털 네이티브 자녀들이 화려하고 감각적인 콘텐츠로 중무장한 스마트 미디어에 머무는 것만 좋아할까요? 경험해보니 일부는 그렇고 일부는 아닙니다. 우려와는 달리 스마트폰에 머리와 몸 전체를 맡기지도 않았습니다. 즉 스마트폰 외의 활동에 아무런 재미를 느끼지 못할 정도로 오감이 물들지 않았다는 말입니다.

이는 대안 활동 현장을 보면 알 수 있습니다. '스마트 미디어 역기능 예방 집단 상담'에서 아이들과 함께 대안 활동을 모색하고 체험하다 보면, 활기찬 모습에서 잃어버린 균형 감각과 무뎌진 감정이 되살아나는 것을 목격합니다. 한 공간에서 어울려 뛰어노는 재미, 직접적인 상호작용에서 이루어지는 인간적 교감, 몸을 움직이고 난 후에 느끼는 상쾌함 등은 스마트 미디어에서는 얻지 못하는 재미거든요.

혼자 또는 가족과 함께하는 대안 활동은 디지털 기기가 주는 것과는 다른 재미를 선사하지만 생활의 활력소라는 사실은 분명합니다. 스마트폰 사용과 대안 활동을 균형 있게 하는 사람은 스마트폰 과의존뿐 아니라 우울증, 무기력증, 귀차니즘도 겪지 않습니다. 잠시 의욕 저하 상태가 찾아와도 금세 회복하거든요.

어쩌면 우리 어른이 아이들에게서 대안 활동의 재미를 빼앗은 건 는지도 모르겠습니다. 사실 입시 경쟁에 내몰린 아이들이 학교-학원-집을 오가는 빡빡한 동선 안에서 할 수 있는 대안 활동의 종류가 많지 않거든요. 그러다 보니 제일 만만하게 할 수 있는 스마트폰에 올인하는 악순환이 반복되고요.

우리 아이들이 다양한 대안 활동을 경험하면서 건강하게 성장할 수 있도록 어른들 모두가 도와주면 좋겠습니다.

05 자녀의 미래를 밝게, '꿈폰' 프로젝트

부모의 응원과 지지가
자녀를 미래 인재로 이끈다

프랑스 작가 빅토르 위고(Victor Hugo)는 "미래를 창조하기에 꿈만큼 좋은 것은 없다. 오늘의 유토피아가 내일 현실이 될 수 있다"라고 했습니다.

자녀가 디지털 문명사회를 누비고 다닐 때도 꿈만 한 것이 없습니다. 꿈꾸는 아이는 스마트폰을 '꿈 실현 도구'로 활용하거든요.

그런데 부모님들 생각은 조금 다른가 봅니다. 자녀가 종일 스마트폰만 보고 있으면 부모는 반사적으로 '과의존'이라는 단어를 떠올립니다. 그렇게 추측한 이유는 사용 시간이 많아서이고요. 사실 사용 시간보다 하는 이유가 더 중요한데, 자녀의 속마음까지 살피는 부모는 별로 없습니다. 그래서 이런 궁금증이 생기죠.

"아이가 스마트폰을 하는데, 시무룩하고 기운이 없어요. 어떨 때는 마지못해서 하는 것 같은데, 그만두지는 못하네요. 왜 그러죠?

17세 남학생 D의 상담 사례에서 이유를 알아보겠습니다.

D는 어릴 때부터 록그룹의 보컬이 되고 싶어 했습니다. 좋아하는 퀸과 린킨파크의 노래를 수도 없이 듣고 따라 부르면서 보컬의 꿈을 키웠지요. 그러다 중2 때 처음으로 엄마에게 자신의 꿈을 이야기했습니다. 보컬 학원에 등록하려면 엄마의 도움이 필요했거든요. 아들의 소망을 들은 엄마의 첫마디는 냉정했습니다.

"그 성격에 무슨 보컬이니? 그냥 공무원에 도전해봐."

엄마가 반대한 것은 아들이 가창력은 있지만 내성적이어서 보컬로 성공할 것 같지 않았기 때문입니다. 직업 특성상 수입이 불안정한 것도 못마땅했고요.

엄마 말을 대부분 따랐던 D였지만 이번에는 물러서지 않았습니다. 보컬의 꿈만은 절대로 포기하고 싶지 않았거든요. 그래서 울면서 간청도 해보고 단식투쟁도 했는데, 아무 소용없었어요.

꿈이 좌절로 바뀐 날부터 D는 무기력 모드에 들어갔습니다. 멍하니 스마트폰을 하면서 시간을 보내다가 엄마가 못하게 하면 종일 잠만 자는 식으로요.

엄마는 당황했습니다. 시간이 지나면 체념할 줄 알았는데, 아들의 상태가 점점 나빠졌거든요. 가만 놔두면 스마트폰만 하고 정신 차리라고 다그치면 눈물을 보였습니다. 어떻게 하면 좋을지 몰라 아들을 상담실에 데리고 왔을 때, D는 우울증 증세도 보였습니다.

청소년들이 인터넷과 스마트폰에 빠질 때는 나름의 이유가 있습니다. D처럼 무기력하고 우울한 현실을 잊고 싶어서 스마트폰을 하는 경우도 있고요.

자녀가 용기를 내서 꿈을 이야기했을 때, 부모의 반응은 매우 중요합니다. 부모가 어떤 반응을 보이냐에 따라 꿈의 발판이 마련되기도 하고 사라지기도 하거든요. 물론 자존감이 높은 아이는 부모가 부정적인 반응을 보여도 꿋꿋이 자신의 꿈을 이루어나갑니다. 반대로 자존감이 낮은 아이는 꿈을 강요당하거나 쓴소리를 들으면 자포자기하거나 방황하는 삶을 살게 되고요.

스마트폰이
'꿈폰'이 되었을 때

스마트폰이 자녀의 꿈 실현을 돕는 도구가 되게 하고 싶다면 지금부터 제안하는 세 가지 방법을 실천해보세요.

첫째, 자녀의 꿈을 지지하고 동참해주세요. 자녀가 알아서 스마트폰을 꿈의 도구로 활용합니다. 최종 선택 또한 후회 없는 결정을 하고요. 저는 그 놀라운 변화를 D의 사례에서 목격했습니다.

가족 상담을 통해 아들의 속마음을 알게 된 D의 어머니는 아들의 꿈을 지지해주는 쪽으로 마음을 바꿨습니다. 보컬 학원에 다니게 된 D는 활기찬 모습을 보여주었습니다. 노래를 더 잘 부르고 피아노도 더 잘 치고 싶은 욕심이 생겼고요. 틈날 때마다 스마트폰으로 관련 정보를 찾아보고, 가고 싶은 대학을 알아보면서 진로를 설계해나갔습니다. 그 과정에서 게임 시간은 하루 1시간 정도로 줄었고, 아예 하지 않는 날도 있었습니다.

D와의 상담은 D가 꿈을 되찾고 스마트폰 과의존 상태에서 벗어나면서 종결했습니다. 이후 소식은 못 들었지만 저는 믿습니다. 대학 진학과 상관없이 보컬이 되기 위한 D의 도전과 노력은 계속되고 있을 것이라고요.

둘째, 스마트폰을 꿈의 도구로 활용하기 위해 주기적으로 불필요한 앱, 문자, 동영상, 사진, 자료 등을 제거합니다. 유용한 앱(건강/교육/진로/학습 관련)은 설치하도록 도와주고요.

어렵지 않죠? 〈청소년 바른 ICT 진로 교육 '다 함께 꿈 톡톡'〉에 있는 '꿈폰 프로젝트' 활동입니다. 실제로 957명의 아동·청소년과 체험해봤습니다. 대부분 적극적으로 참여하는데, 참여 소감을 들어보면 '3년 전 깔아놓고 까맣게 잊어버린 게임을 지워서 좋았다'부터 '어지러운 내 스마트폰 상태를 알 수 있었다', '내 폰이 건강해졌다',

'스마트폰을 유익하게 사용하는 법을 알았다' 등과 같은 소감이 다수였습니다.

학습 환경을 조성하기 위해 방을 청소하는 것처럼 스마트폰 또한 정기적인 점검과 정리 정돈이 필요합니다. 아이들은 스마트폰과 놀기에 바빠서 혹은 귀찮아서 알면서도 안 할 때가 있으니 부모의 지도가 필요하고요.

셋째, 자녀의 스마트폰 사용 시간보다는 뭘 하는지, 어떻게 사용하는지 관심을 가져보세요. 사용 패턴을 보면 자녀의 관심사를 알 수 있고, 잘만 쓰면 유용한 기기가 스마트폰이거든요. 잘 찾아보면 좋은 콘텐츠도 많고요.

수년간 〈청소년 바른 ICT 진로 교육 '다 함께 꿈 톡톡'〉을 총괄 집필한 홍성관 한국IT직업전문학교 교수가 강연에서 이런 말을 했습니다.

"자녀들이 살아갈 미래 사회는 새로운 핵심 기술과 유망 직업으로 이루어질 것이며, 그에 맞는 디지털 역량을 갖춘 자녀가 인재로 성공하는 세상입니다. 그리고 그 다양한 기술과 정보가 스마트폰에 담겨 있습니다. 그 때문에 스마트폰 사용을 제한하는 방식을 뛰어넘어, 스마트폰을 자녀의 건강한 성장, 학습, 진로, 미래 사회 준비를 돕는 도구로 전환해야 합니다."

포노 사피엔스로 살아갈 아이의 미래, 지금부터 진짜 시작입니다

우리 곁에 이미 와 있는 미래 사회,
어느 길로 가야 할까?

외식하고 싶을 때 맛집 검색을 자주 하시죠? 알고 보면 여기에 빅데이터(big data) 기술[22]이 이용됐습니다. 몇 분 후 어떤 버스가 오는지 알려주는 버스 정보 시스템에는 데이터와 인공지능 기술[23]이 적용됐고요. 이 밖에도 미래 핵심 기술이 우리 일상생활 곳곳에서 쓰이는 사례가 많습니다.

디지털 기술의 발전 속도는 매우 빠릅니다. 새로운 기술이 우리 삶에 어떤 영향을 미치는지 알기도 전에 또 다른 기술이 나옵니다. 즉 관련 연구가 발전 속도를 따라가지 못한다는 것이죠. 스마트폰만 해도 그렇습니다. 스마트폰의 순기능과 역기능을 두고 업계와 학계마다 다른 의견을 보입니다. 대중의 반응도 열광적인 지지와

우려 섞인 거부로 나뉘고요. 디지털 양육의 방향을 고민하던 어떤 부모는 제게 이렇게 질문했습니다.

"디지털 디톡스인가요, 디지털 리터러시인가요?"

독자 여러분도 이와 같은 질문을 던지고 싶었다면 훌륭합니다. 디지털 양육의 능력 수치가 한층 올라갔다는 증거니까요. '식자우환(識字憂患)'이라는 말처럼 현명한 디지털 양육법을 제대로 알 때까지 고민과 혼란이 생깁니다.

자녀가 스마트폰에 매달릴 때 주로 썼던 통제 방법을 예로 들어보겠습니다. 디지털 양육에 대한 지식이 부족했을 땐 폰압이 최선이라고 여겼습니다. 그런데 알고 보니 몰폰의 지름길로 인도하는 우매한 방법이었지요. 그래서 자녀 스스로 스마트폰 사용을 조절할 수 있는 능력, 즉 자기통제력을 키워주려고 보니 디지털 디톡스도 좋은 방법이고, 디지털 리터러시도 좋은 방법이라고 합니다.

자, 과연 어느 쪽으로 나아가야 할까요? 해답은 두 가지 방법을 모두 취하는 균형과 조화입니다. 즉 상황에 따라 디지털 디톡스를 적용했다가 디지털 리터러시를 활용할 수 있는 지혜를 발휘하세요. 이러한 균형과 조화의 양육 방식이 중요한 이유는 우리 아이들에게 오프라인 세상과 온라인 세상 모두 소중하기 때문입니다. 두 세상을 건강하게 오가면서 행복하게 성장하려면 부모와 자녀 모두에게 균형과 조화의 자세로 디지털 기기를 사용하는 지혜가 필요합니다.

애덤 알터(Adam Alter)가 쓴 《멈추지 못하는 사람들》에 이런 대목이 있습니다.

"환경을 지혜롭게 설계하면 해로운 행위에 중독되는 상황을 벗어날 확률이 높아진다."[24]

부모가 양육 환경을 균형 있고 조화롭게 바꿔주는 것만으로도 자녀가 스마트폰에 빠질 확률이 낮아진다는 의미로도 해석할 수 있습니다. 이것이 가능하려면 부모가 자녀보다 디지털 문명을 더 많이, 더 깊이 있게 알아야 합니다.

부모의 머릿속 지식이
산지식이 되려면

디지털 양육 정보를 섭렵한 어떤 부모가 실천에 실패한 후 물었습니다.

"선생님, 부모가 먼저 모범을 보이면 아이가 따라 한다고 해서 스마트폰 사용을 중단하고 독서하는 모습을 보였거든요. 그랬더니 아이가 그걸 역이용하더라고요. 엄마, 아빠가 독서에 몰입한 틈을 타서 몰폰을 하는 식으로요. 함께 읽자고 제안하면 10분도 안 돼서 지루해하고요."

아이가 양육자의 말투와 행동을 모방한다는 '거울 뉴런(mirror

neuron)'[25]의 원칙과 다르게 반응한 이유는 뭘까요? 여러 가지가 있겠지만 결정적인 이유는 아이에게 각인된 부모의 모습이 바뀌는 데 시간이 필요하기 때문입니다. 평소 독서보다는 스마트폰을 애용하면서 잔소리를 일삼던 부모가 갑자기 모범적인 모습을 보인다고 해서 아이가 바로 따라 할까요? 만약 그러길 바랐다면 부모의 욕심입니다. 거울 뉴런의 효과를 즉시 보려면 자녀가 어릴 때부터, 스마트폰을 사용하기 전부터 부모가 바르게 생활하는 모습을 보여줬어야 하거든요.

"나는 늦었네! 아이는 컸고, 이미 스마트폰도 사용하고 있으니"라고 낙심하는 분들에게 간청합니다. '늦었다고 생각할 때가 가장 빠를 때'라는 명언처럼 지금부터 3개월간 꾸준히 실천하면 자녀가 의심의 눈초리를 거두고 믿음 가득한 태도로 부모에게 응답하는 순간이 옵니다.

열린 마음과
긍정의 시각으로 바라보기

"제발! 어른들이 우리를 좀 믿어줬으면 좋겠어요!"

제가 자녀 상담이나 강의를 할 때 자주 듣는 아우성입니다. 솔직히 말하면 기성세대에 대한 불만을 터뜨리는 것이죠. 한번은 어떤 아이가 이렇게 물었습니다.

"왜 어른들은 스마트폰을 오래 하면 다 중독자처럼 생각하는 거죠? 사람마다 다르잖아요."

일리 있는 말입니다. 우리 아이들은 어른들보다 디지털 미디어를 사용하는 감과 활용 능력이 좋습니다. 유튜브 채널 취향과 선호하는 콘텐츠도 생각보다 가지각색이고요. 디지털 플랫폼 내 소비 방식도 성향에 따라 다릅니다. 안전한 사용을 위해 신중한 태도를 취하는 아이도 있고, 그 반대의 경우도 있습니다.

교육 현장에서 보여주는 반응도 어른들보다 자유롭고 솔직합니다. 재미없고 뻔한 수업과 주입식 강의는 금방 지루해하고요. 참신한 접근 방식과 내용에는 반짝반짝 호기심을 보입니다. 흥미롭고 유익하다 싶으면 적극적으로 참여하고 의견도 제안하면서요.

또 미성숙하긴 해도 다양한 디지털 플랫폼에서 주어진 정보를 자연스럽게 접하고 본능적으로 갖고 놀 줄도 압니다. 그들만의 방식으로 콘텐츠 스펙트럼을 만들고 스마트폰 세상에서 바깥세상과 관계를 맺고 소통하려는 노력을 기울이고 있고요.

다만, 심신이 덜 발달된 아이들이다 보니 어떻게 스마트폰을 사용해야 심신이 조화롭게 발달하고 미래 사회에 적합한 인재로 성장하는지 잘 모르죠. 경우에 따라 방법을 알지만 하기 싫어서 하지 않는 아이도 있습니다.

이 부분을 우리 어른들이 다 함께 도와줘야 합니다. 부모의 도움만으론 한계가 있습니다. 이제는 학교, 사회, 국가가 합심해 아이들을 도와줘야 할 때입니다. 열린 마음으로 우리 아이들을 대하고 긍정적인 시각으로 바라봐주세요. 새로운 문명과 인류를 대하는 어른들의 시야부터 넓혀야 아이들이 자유롭게 비상할 수 있습니다. 무한한 가능성을 품고 있는 신세계를 향해서요.

비상의 날갯짓이 현실이 될 때까지, 저도 힘껏 돕겠습니다.

01 ___ 디지털 기술을 배우면서 사용하고 적응하는 세대. '디지털 이민자(digital immigrant) 세대'라고도 한다.

02 ___ 태어날 때부터 디지털 기기를 자연스럽게 접하면서 성장하고 디지털 기기를 익숙하게 사용하는 세대. 영어 표기는 digital native로, 미국의 교육학자 마크 프렌스키(Marc Prensky)가 2001년 논문에서 처음 사용한 말이다.

03 ___ 안물안궁은 '안 물어봤고 안 궁금하다'의 줄임말로, 누군가 대화의 주제와 상관없는 말을 꺼내거나, 관심 없는 이야기를 할 때 무시의 뜻으로 하는 말이다. 스겜은 스피드(speed)+게임(game)을 줄인 말로, '빠르게 게임을 진행하자'라는 뜻이다. 눈팅은 인터넷 게시판에 올라온 글이나 사진을 읽거나 보기만 하고 댓글을 다는 등의 참여를 하지 않는 경우를 말한다(출처-김기란, 최기호, 《대중문화사전》, 현실문화연구, 2009).
득템은 온라인 게임에서 '좋은 아이템을 얻다', 또는 생활 속에서 '좋은 물건을 줍거나 얻다'라는 뜻이다. 출첵은 '출석 체크'의 줄임말이다. 노잼은 노(no)와 잼(재미)을 합친 말로, '재미가 없다'라는 뜻이다. 갑분싸는 '갑자기 분위기가 싸해짐'의 줄임말이다.

04 ___ Z세대(Generation Z)는 1990년대 중반에서 2000년대 초반에 걸쳐 태어난 젊은 세대다. 인터넷과 IT(정보 기술)에 친숙하며 텔레비전, 컴퓨터보다 스마트폰을, 텍스트보다 이미지, 동영상 콘텐츠를 선호한다. 관심사를 공유하고 콘텐츠를 생산하는 데 익숙해 문화의 소비자이자 생산자 역할을 함께 수행한다(출처-시사상식사전).

05 　모모 세대는 모어 모바일(more mobile) 세대를 줄인 말이다. 1990년대 후반 이후 출생한 아동·청소년으로, 텔레비전보다 스마트폰 같은 모바일 기기에 익숙한 세대다. 유튜브 같은 동영상 플랫폼을 자주 이용한다(출처-시사상식사전/한경 경제용어사전).

06 　알파 세대(Generation Alpha)는 2011년 이후에 태어나 인공지능, 로봇 등 기술적 진보에 익숙한 세대다. 기계와의 일방적 소통에 익숙하다(출처-시사상식사전).

07 　페널티 횟수에 따라 후순위 대기열, 계정 이용/가입 제한 및 영구 정지 등이 있다.

08 　ON THE RECORD, '유튜브 리터러시는 달라 달라', 브런치, 2019.4.1, <포브스> 관련 기사명은 'The 'Momo Challenge' is a Modern-Day Fairytale'

09 　김춘경 외 4인, 《상담학 사전》, 학지사, 2016

10 　한국지능정보사회진흥원과 방송통신위원회가 조사한 '2017년 사이버 폭력 실태 조사 보고서'에 따르면 사이버 폭력 가해 및 피해 경험이 26%였다.

11 　'과도한 스마트폰 사용, SNS가 '디지털 말더듬' 유발', 경향신문, 2016.1.25, 조사 기관과 조사명은 한국방송광고공사(KOBACO)에서 발표한 '2015년 소비자 행태 조사'

12 　국립특수교육원, 《특수교육학 용어 사전》, 하우, 2009

13 　김영미, 김은숙, 신소라, 이제영, 《초등영어 개념사전》 중 '의사소통이란?', 아울북, 2010

14 비대면을 일컫는 '언택트(untact)'에 온라인을 통한 외부와의 '연결(on)'을 더한 개념으로, 온라인을 통해 대면하는 방식을 가리킨다(출처-시사상식사전).

15 신경세포의 신경돌기 말단이 다른 신경세포와 접합하는 부위. 이곳에서 한 신경세포에 있는 흥분이 다음 신경세포에 전달된다(출처-국립국어원 표준국어대사전).

16 눈물이 부족하거나 지나치게 증발해서 생기는 질환. 안구 표면이 쉽게 손상되어 눈이 자주 시리고 이물감이나 건조감 같은 자극 증상을 느낀다. 눈이 충혈되고 피로하며 심한 경우 두통을 호소하기도 한다(출처-가톨릭중앙의료원 건강 칼럼, '현대인의 눈 건강을 위협하는 안구건조증').

17 근육에 존재하는 단단한 통증 유발점의 활동으로 생기는 통증이나 자율신경 증상.

18 손목 내부에 있는 손목 터널(수근관)이 좁아져 손목 터널을 지나는 정중신경(median nerve)을 눌러 통증이 생기는 질환이다. 주요 증상은 손이 타는 듯한 통증과 저림, 이상 감각이다.

19 '블루라이트 진짜 눈에 안 좋을까? 전문가 유해성 증명 안 돼', 2020.6.13, 한경닷컴(www.hankyung.com>it)

20 '수상한 소문-스마트폰이 녹내장 유발?', SBS <모닝와이드>

21 '넘을 수 없는 사차원의 벽'의 줄임말로, 아무리 노력해도 자신의 힘으로는 격차를 줄이거나 뛰어넘을 수 없는 상대를 가리키는 말이다(출처-김기란, 최기호, 《대중문화사전》, 현실문화연구, 2009).

22 방대한 양의 정보를 빠르게 처리하는 기술을 뜻한다.

23 인간의 지능으로 할 수 있는 사고와 행동을 컴퓨터 스스로 하는 기술을 뜻한다.

24 애덤 알터 지음, 홍지수 옮김, 《멈추지 못하는 사람들》, 부키, 2019

25 타인의 행동을 관찰할 때 활성화되는 신경세포로, 타인의 행동을 모방할 뿐 아니라 의도를 파악하고 공감 능력에도 관여한다. 이탈리아 신경심리학자 자코모 리촐라티(Giacomo Rizzolatti) 교수 연구 팀이 거울 뉴런의 존재를 발견했다.

슬기로운 스마트폰 생활

2021년 04월 05일 초판 01쇄 인쇄
2021년 04월 12일 초판 01쇄 발행

글 문유숙

발행인 이규상 편집인 임현숙 책임편집 김은영
편집3팀 김은영 이수민 기획 최정화 교정교열 이정현
마케팅실장 강현덕 마케팅2팀 이인규 안지영 이지수 김별
디자인팀 김지혜 손성규 손지원 영업지원 이순복 경영지원 김하나

펴낸곳 (주)백도씨
출판등록 제2012-000170호(2007년 6월 22일)
주소 03044 서울시 종로구 효자로7길 23, 3층(통의동 7-33)
전화 02 3443 0311(편집) 02 3012 0117(마케팅) 팩스 02 3012 3010
이메일 book@100doci.com(편집·원고 투고) valva@100doci.com(유통·사업 제휴)
포스트 post.naver.com/100doci 블로그 blog.naver.com/100doci 인스타그램 @growing__i

ISBN 978-89-6833-305-7 13590
© 문유숙, 2021, Printed in Korea